等径双辊倾斜铸轧及其自适应模糊控制方法

张玉军　著

东北大学出版社
·沈　阳·

图书在版编目（CIP）数据

等径双辊倾斜铸轧及其自适应模糊控制方法 / 张玉军著. — 沈阳：东北大学出版社，2018.12

ISBN 978-7-5517-2083-0

Ⅰ. ①等…　Ⅱ. ①张…　Ⅲ. ①铸造－自适应控制－研究　Ⅳ. ①TG2

中国版本图书馆 CIP 数据核字(2018)第 303354 号

出 版 者：东北大学出版社
地址：沈阳市和平区文化路三号巷 11 号
邮编：110819
电话：024-83683655(总编室)　83687331(营销部)
传真：024-83687332(总编室)　83680180(营销部)
网址：http://www.neupress.com
E-mail: neuph@neupress.com
印 刷 者：沈阳市第二市政建设工程公司印刷厂
发 行 者：东北大学出版社
幅面尺寸：170mm×240mm
印　　张：9
字　　数：162 千字
出版时间：2018 年 12 月第 1 版
印刷时间：2019 年 1 月第 1 次印刷
责任编辑：朱　虹　董媛媛
责任校对：赵子旭
封面设计：潘正一

ISBN 978-7-5517-2083-0　　　定　价：30.00 元

前 言

双辊铸轧将铸造与轧制合为一体，具有降低成本、节约能源、节省空间等优势，双辊铸轧具有较高的冷却速度，能显著地改善金属的组织性能。双辊倾斜铸轧与水平式双辊铸轧相比，能减轻密度偏析，提高铸轧速度；与立式双辊铸轧相比，能减少弯曲应力，降低卷曲难度；与异径双辊铸轧相比，能降低控制难度。国内外很多专家、学者针对双辊铸轧开展了大量的研究工作，但是针对等径双辊倾斜铸轧尚未有系统研究。

著者近年来一直从事该领域的研究工作，深感有必要结合该领域的新成果撰写一本学术专著，对等径双辊倾斜铸轧及其自适应模糊控制方法进行系统的介绍，并希望本专著的出版能够对该领域的研究和应用起到一定的推动作用。

本专著针对开发双辊倾斜铸轧工艺的需要，从机械实现、理论模型、数值模拟和工艺控制四个方面进行了系统研究。主要内容包括：以辽宁科技大学镁合金铸轧中心自主研制的立式双辊铸轧机为基础，增加了倾斜铸轧子系统，为系统地研究双辊倾斜铸轧过程提供设备平台；针对等径双辊倾斜铸轧，建立了耦合倾角函数的关于熔池液位高度变化和铸轧力计算的数学模型；基于所建立的等径双辊倾斜铸轧熔池液位数学模型，对双辊倾斜铸轧熔池内部进行流热耦合模拟，建立不对称性分析模型，进一步地分析倾斜角度、熔池液位高度、铸轧速度、水口位置和冷却水供给方式等不同工艺条件对熔池内流场和温度场的影响，为调整控制策略提供依据；针对铸轧过程熔池液位高度变化，建立了一种单入单出的非仿射非线性数学模型，基于模糊逼近技术进行解耦，设计了一种新的自适应模糊控制器，实现了对液面高度进行合理控制的目标；在此基础上，针对铸轧过程熔池液位高度和辊缝开度同时变化，建立了一种多入多出的非仿射非线性数学模型，设计自适应模糊输出反馈控制器，保证了辊缝和熔池液位高度的输出跟踪误差能够收敛到理想控制范围；最后，采用所建立的自适应模糊控制策略，成功地进行了铸轧实验，验证了模型的适用性。

在撰著过程中，主要参考了著者攻读博士学位期间的研究成果和巨东英教授科研团队多年的研究成果，著者还参阅了国内外许多专家、学者在双辊铸轧及自适应控制方面的理论与实践研究成果，在此深表谢意。

由于著者水平有限，本专著中难免存在不妥之处，恳请广大读者不吝指正，对本专著提出宝贵的意见和建议。

著　者
2018 年 5 月于鞍山

目　录

第1章 绪 论

1.1 双辊铸轧技术的发展概况及优点

英国学者 Henry Bessemer 在 1846 年首次提出了将熔化金属直接铸轧为金属薄带的设想，在 1857 年设计出双辊铸轧原型机并申请了专利[1]。双辊铸轧工艺思想自从提出以来，经历了 170 多年的研究与发展，尽管曾经因为各方面条件的限制而中断，双辊铸轧工艺还是凭借其潜在的技术优势和广阔的应用前景，得到了学者的广泛关注。尤其是 20 世纪 80 年代以来，受能源危机的影响，全世界金属材料加工领域一直围绕节约能源消耗、提高薄板生产效率、改善板材质量展开研究。作为近终形铸造技术的薄板铸轧技术受到冶金及材料专家的青睐，得到冶金行业的高度重视[2]。美、日、德、韩及中国等都投入了大量人力物力开展双辊铸轧理论、技术和实验等方面的研究，研制出双辊铸轧实验原型机、中试机达几十台，建成了可以生产不锈钢、碳钢、硅钢、镁、铝等多种产品的生产线[3-4]。

双辊铸轧机的结晶器是由两个相向转动、内部水冷的铸轧辊与两个侧封板构成的楔形熔池，金属熔液从中间包经过水口浇注到熔池中，并在铸辊表面凝结形成凝固壳，随着辊的转动，凝固壳逐渐变厚，并最终焊合在一起，在双辊出口处轧制成形，最终生产出金属薄板[5-8]。双辊铸轧工艺的最为显著特点是将铸造与轧制合为一体，液态金属在极短的时间内结晶凝固，并同时承受塑性变形，直接生成近终形金属薄板[9-10]。

双辊铸轧工艺与传统的连铸工艺相比，省去了初轧、加热、热轧等工序，缩短了生产流程，提高了生产速度、板材性能，减少了设备投资、环境污染，降低了能源消耗，生产出来的薄板的厚度更薄[11]，具体体现在以下方面[12-15]：

（1）缩短了生产流程，减少了设备投资：传统的连铸工艺需要近千米的生产线，双辊铸轧工艺生产线只需 60~80m，缩短了生产流程，减少了占地面积；

双辊铸轧工艺的设备投资比传统连铸工艺设备投资减少约35%。

(2) 降低了能源消耗：传统的连铸工艺需要多次加工、加热才能使板材由厚到薄；双辊铸轧工艺能够直接得到1~6mm薄板，这样必然极大地降低电、热、水的消耗，同比节能高达80%~90%。

(3) 提高了板材性能：由于双辊铸轧过程时间短、冷却速度快、成分偏析少而有效改善了薄板微观组织结构，晶粒得到细化，微观偏析降低，可以生产高速钢、高硅钢和非晶带等特殊材料，这是传统连铸工艺难以做到的。

(4) 减少了环境污染：双辊铸轧工艺在金属薄板的生产过程中，与传统的连铸工艺相比大大减少了 SO_2、CO_2 和 NO_x 的排放量，甚至能够减少70%~90%。

双辊铸轧技术因其具有诸多优点而在近几十年来得到了广泛关注及快速发展，目前发展比较成熟的薄带铸轧技术包括美国纽柯钢铁公司的Castrip、欧洲的Eurostrip、浦项的PoStrip、宝钢的Baostrip以及东北大学的E2Strip。实践证明，双辊铸轧有望成为低成本、大规模、商业化生产的有效技术[16]。

1.2 双辊不对称铸轧技术的发展概况

双辊铸轧按照辊径是否相等分为两种，即等径双辊铸轧和异径双辊铸轧；按照双辊布置的位置分为三种，即水平式双辊铸轧、立式双辊铸轧和倾斜式双辊铸轧。其中，等径水平式双辊铸轧技术已经接近产业化水平，立式双辊铸轧研究者较多。倾斜式双辊铸轧和异径双辊铸轧因为熔池形状的不对称性，均属于不对称双辊铸轧，与常规对称双辊铸轧相比更为复杂。关于异径双辊铸轧的研究不多，关于双辊倾斜铸轧的研究则更少。

不同铸轧类型比较如图1.1所示。

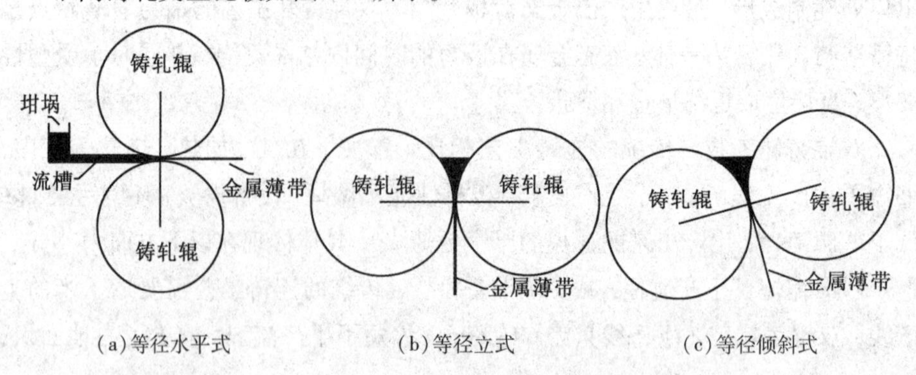

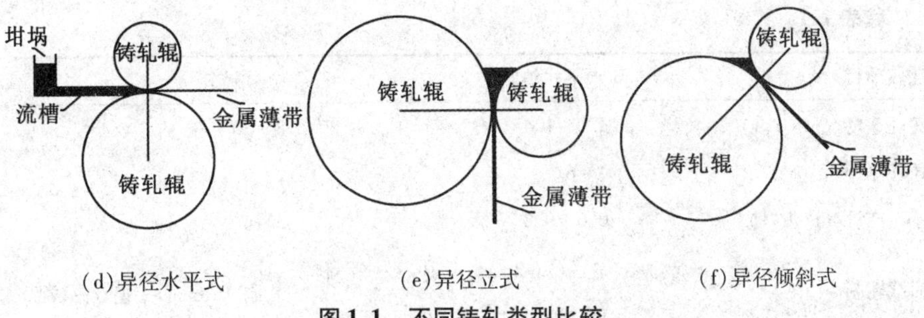

(d)异径水平式　　(e)异径立式　　(f)异径倾斜式

图 1.1　不同铸轧类型比较

Fig. 1.1　Comparison of various types oftwin-roll casting

水平式双辊铸轧、立式双辊铸轧凝固和比重偏析示意图如图 1.2 所示。

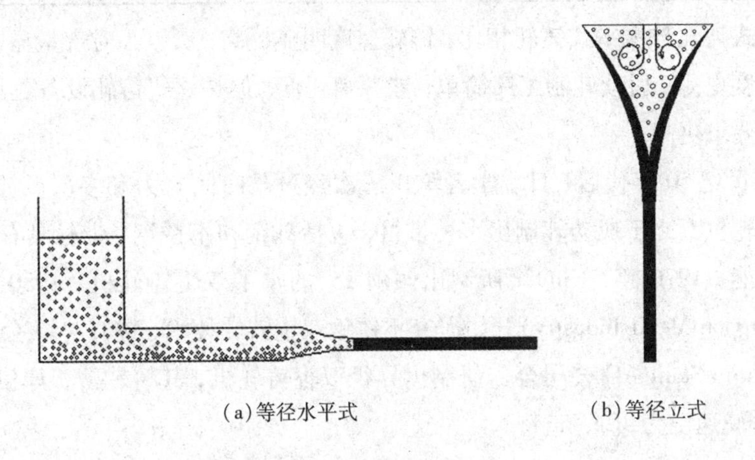

(a)等径水平式　　(b)等径立式

图 1.2　比重偏析示意图

Fig. 1.2　Schematic view of composition segregation

水平式铸轧的铸轧速度慢，在流槽内金属流速较低，形成层流，更容易产生比重偏析。而立式铸轧的驻扎速度较快，熔池内金属熔液形成湍流，再加上重力作用，比重偏析不明显。可见，在立式铸轧基础上进行倾斜铸轧对抑制比重偏析有利。

以 AZ31 镁合金为例，水平式铸轧与立式铸轧特点与参数对比如表 1.1 所示。

表 1.1　水平式铸轧与立式铸轧特点与参数对比

Tab. 1.1　Comparison of cast rolling characteristics and parameters

比较项目	水平式铸轧	立式铸轧
熔化温度/℃	720	680
浇铸温度/℃	700	660

续表 1.1

比较项目	水平式铸轧	立式铸轧
铸轧速度/($m \cdot s^{-1}$)	1.0 ~ 1.4	8 ~ 20
铸坯厚/mm	4 ~ 6	2 ~ 3
小时产量/($t \cdot h^{-1}$)	0.6 ~ 0.8	3 ~ 4
后续轧制	轧制（2mm）—退火—轧制(0.8mm)—退火—成品	轧制(0.8mm)—退火—成品
能源及消耗	高	低
设备复杂程度与自动化要求	设备相对简单，稳定可靠	设备复杂，自动化要求高

立式铸轧与水平式铸轧相比，铸轧速度明显提高，所以小时产量显著增加，铸坯厚度更薄，后续轧制工序简单，能源消耗低，但是立式铸轧设备更加复杂，自动化要求更高。

20 世纪 50 年代后，日本学者草川隆次经过长时间努力和多次试验，在双辊倾斜轧机上终于成功轧制出多种带材，包括硅钢和不锈钢，带材具有很好的机械性能。1970 年，Hunter 研制出倾斜 15°的水平双辊铸轧机。1980 年日本 NMI(Nippon Metal Industry)开始研究不锈钢双辊铸轧技术，1987 年该公司和德国的 Krupp Stahl AG 公司合作研制出异径双辊铸轧机，其铸轧薄板厚度为 1 ~ 4mm，铸轧速度为 40m/min。

1983 年东北工学院研制出国内第一台异径双辊铸轧机[16]，1990 年 3 月又研制出第二台异径双辊铸轧机。东北工学院异径双辊薄带铸轧机的大辊半径为 250mm，小辊半径为 125mm，铸轧辊宽度为 210mm，驱动采用可调速的直流电机。经过长期的深入的理论探索和实验验证，摸索出轧制工艺中的合理参数，尤其是针对高速钢和硅钢薄带铸轧工艺参数，使其更有代表性。与此同时，还深入系统地研究了薄带的显微组织结构、合金元素分布、力学性能及后续加工处理方法，成功浇铸出 2.1mm × 207mm 高速钢薄带，带坯长度可达 30m。铸出的薄带坯产品能够加工出合格的刀片、锯条等[17]。

综上所述，等径双辊倾斜铸轧与水平式双辊铸轧相比，能减轻比重偏析，提高铸轧速度，降低能源消耗；与立式双辊铸轧相比，能减少弯曲应力，降低卷曲难度；与异径双辊铸轧相比，能降低控制难度。但是，等径双辊倾斜铸轧与常规双辊铸轧相比更为复杂，而且研究又很少，非常有必要对其进行系统研究。

1.3 双辊铸轧过程控制技术的研究状况

1.3.1 双辊铸轧过程控制的发展状况

双辊铸轧过程为：金属在熔化炉中熔化直至温度达到开浇要求；液压系统启动，调节伺服阀开度使铸辊闭合，压下力保持恒定；调节中间包位置使其与铸辊中心对中；调节微伺服电机，使中间包塞棒完全堵塞水口；以一定压力将双向侧封板压于铸辊表面；调节冷却水流量，使其达到设定值；启动铸轧主电机并调节铸辊转速达到设定值；在中间包液面、熔池液面、油槽内通入保护气；熔化浇铸子系统的电磁泵启动，以预设流量向中间包供料；当金属熔液达到中间包液面设定下限后，中间包塞棒提高到预定值，熔液流入铸轧熔池，此时供料系统控制单元启动中间包高低限位开环控制；铸轧熔池内金属熔液与水冷系统进行热交换，开始凝固并随着辊的转动使辊缝逐渐撑开并进入稳态轧制阶段。

整个铸轧过程涉及温度控制、凝固结合点控制、铸轧速度控制、液面控制、辊缝控制、铸轧力控制等各个方面，单一的一般性的控制并不能达到理想的控制目标，因为双辊铸轧工艺具有强耦合特征，多个参数相互影响、相互干扰，自适应控制的发展使得双辊铸轧控制目标的实现成为可能。

1.3.2 双辊铸轧过程自适应控制的研究状况

自适应控制的发展大体上经历了应用探索、应用开始和应用扩展三个阶段[18-22]。近些年来，自适应控制广泛应用在很多领域，都取得了很好的效果，包括工业电子领域[23]、导航制导领域[24]、航空航天领域[25]以及包括医学、社会、经济在内的非工业领域[26-28]。另外，神经网络[29-31]、模糊逻辑[32-34]、滑模变结构方法[35-37]等控制技术受到越来越多研究者的青睐。

双辊铸轧过程是一个非常复杂的变化过程，金属熔液在很短的时间内即可加工成薄板，金属熔液快速凝固，与此同时会发生塑性加工变形。由于双辊铸轧工艺是非线性的，而且具有大时滞、强干扰和强耦合等特征，为此，各国学者开展了大量深入的研究，在双辊铸轧的辊缝、熔池液位高度、铸轧力和铸轧速度等工艺参数以及多个工艺参数的解耦等方面，追求能够保证辊缝稳定，铸轧力恒定，生产出具有良好的板型、均匀的微观组织、性能好的金属薄板的控制目标。

Chen H Y[38-40]等针对熔池液位控制中各过程变量之间的非线性、不确定性等特点，提出了基于滑模自适应神经网络设计方法，使得薄带铸造过程中的熔池液位高度得到有效控制。还提出了一个初始结构简单的基于自由模型的具有学习能力的自组织模糊控制策略，可自动实时地依据系统响应来调节模糊规则表。仿真结果显示该控制策略收敛时间快、稳态误差小，可以取得较好的控制效果。

D. Lee[41]等针对双辊铸轧工艺熔池液位高度控制设计了一个带有增益开关控制单元的自适应模糊控制器，使得模型的估计误差通过调整增益开关控制单元而得到有效调整。此外，为了能够消除铸轧速度和辊缝大小对熔池液位高度的影响，在系统中增加了补偿单元，而且是非线性补偿单元。通过仿真结果可知，设计的控制器具有较好的自适应能力，鲁棒性也较强，并且可以进一步扩展，用于控制双辊铸轧的铸轧力控制，也可以扩展到辊缝控制。

M. G. Joo[42]等提出了一个稳定的自适应模糊控制，用于铸轧中的熔池液面高度控制，根据李雅普诺夫稳定性分析，证明了该控制策略的有效性。为了有效解决浇铸非线性问题，开关控制器在该策略中被使用，从而有效处理了系统稳态误差，控制精度也得到提高。仿真结果表明，与传统的 PID(比例、积分、微分)控制相比，设计的自适应模糊控制策略在精度和鲁棒性方面是有优势的。

东北大学的曹光明[43, 44]等建立了熔池液位被控对象模型，采用主副回路 PID 控制器，在主回路上给出一种适用于熔池液位控制的模糊自适应控制器，在副回路上采用微分先行 PID 控制器控制塞棒液压伺服系统以减少塞棒频繁移动，仿真结果表明，设计的控制系统具有响应时间短、鲁棒性较强和精度高等特性。

Youngjun Park[45]等提出，可以用一个模糊逻辑控制器来控制熔池液位高度，通过定义简化的设计参数，提出了解决多维模糊控制器在逻辑结构设计上过于复杂的方法，通过仿真验证了该控制器的控制效果。

朱丽业等[46]则充分研究分析了熔池液位控制非线性特征，考虑了熔池液位与其他参数的耦合性，进而提出一种具有监督控制功能的自适应模糊比例控制器，仿真结果表明这种控制器具有较强的稳定性和鲁棒性。

辽宁科技大学姚瑶、王仲初等建立了双辊铸轧移动辊液压 AGC 控制的数学模型，并分别采用经典PID进行铸轧机辊缝控制[47]、基于铸轧力的双辊铸轧前馈反馈辊缝控制[48]、铸轧液压AGC系统的Fuzzy-PID控制[49]、基于粗糙集优化的Fuzzy-PID控制等[50]实现了恒辊缝控制策略，使得辊缝控制精度和响应速度提高。Zhang W Y等[51]基于摄动法建立了铸轧力与辊缝解耦控制模型，并依据该模型提出铸轧力与辊缝的PI自适应控制策略。

Hong K S等[52]对双辊铸轧全局控制策略进行了深入的研究，建立了熔池液位、金属凝固过程、铸轧力、辊缝、辊速等模型，并在此基础上提出了一个双层控制策略。尽管该策略未能实际应用，但仿真结果验证了该策略的有效性，对进一步解决双辊铸轧控制的复杂性、时变性、多控制目标下的变量耦合性等核心问题有很好的借鉴意义。

S. F. Graebe[53]提出了多变量非线性的连续铸轧模型，并且设计了相应的鲁棒控制器。Hesketh T等人[54]提出了钢铁薄带连续铸轧中对熔池液位控制的自适应算法。张志柏、龚利华[55]建立了温度场分布反馈修正辊速优化模型及铸件/铸型界面温度反馈修正辊速优化模型，有效地提高了铸扎过程的稳定性。

应该指出，关于非线性系统的大部分结果，参数不确定性和扰动满足Zhang Z Q等[56-57]所用到的匹配条件。由于上述控制方法需要系统的所有的状态是可测的，它们不能应用到具有不可测量状态的非仿射非线性系统中。特别是对双辊铸轧工艺中的辊缝控制和熔池液位高度控制，很难使用合适的传感器来测量辊缝和熔池液位高度的变化率。Wu L B等[58]基于自适应模糊滤波跟踪控制方法，研究了一类有不对称死区输入不确定非仿射非线性系统的输出跟踪控制问题。

由于倾斜铸轧带来的熔池流动和凝固不对称，进一步增大了铸轧过程控制的复杂性，以往的自适应控制模型能否适用于倾斜铸轧，如果不适用，需要进行哪些修正，这就成为必然要回答的问题。目前对于倾斜铸轧带来的影响，尚没有系统分析的报道，对其自适应控制模型的研究还是一个空白的领域。

1.4 双辊倾斜铸轧过程的数值模拟研究

双辊倾斜铸轧过程复杂，而且受到多种因素的影响。铸轧过程中，液态金属在熔池内的传热、流动和凝固等过程所用时间非常短，且有滞后性，因此很多重要的数据很难通过实验直接获取。铸轧过程同时也是金属由液态向固态转变的过程，熔池内同时存在液相区、固相区和固液两相区，双辊铸轧的数值模拟通常采用有限元法和有限差分法建立起金属流动及凝固过程模型，获得熔池内部的温度场和流场的分布、预报凝固结合点等，从而优化工艺参数。近年来，随着数值模拟技术的发展，在预报应力场、裂纹倾向、铸轧板材内部组织等方面也取得了长足的进展。

吴卫平等[59]建立了双辊倾斜式薄带连铸传热过程的数学模型，数学计算采用有限差分法和三对角矩阵算法，结晶潜热采用移动节点法进行处理，计算了薄带连铸过程中铸轧区的温度场，与实测数据进行比对，通过对铸造速度、浇铸温度、熔池高度、辊缝等工艺参数对连铸过程的影响进行了模拟。

牛中生等[60]建立了双辊倾斜式连续铸轧铝板带热过程数学模型，较好地处理了边界条件、运动方向传热、变形热、金属静压力、氧化夹层等因素对传热过程的影响，计算出各区域的温度场。

欧阳向荣[61]推导出适合生产实践的铸轧力计算公式，能够帮助现场的操作人员根据合金品种不同选择合理的预应力，从而提高生产产品精度、降低能耗。

马少武等[62-63]采用有限差分法和二维非稳态凝固传热模型，应用边界适体坐标进行仿真研究，针对异径双辊薄带铸轧工艺中熔池中钢液在初始阶段的凝固传热性质，分析了铸轧起始阶段熔池内温度场的发展变化和辊面凝固壳的生长过程。采用二维稳态层流模型，对异径双辊薄带铸轧熔池中钢液的流动进行数值仿真，分析了铸辊转速、液面宽度、浇铸区宽度、浇铸位置等操作和设计参数对流场的影响。

姜广良等[64]给出了轧辊上一维传热的数学模型及其解析解，利用焓法建立了在薄带坯铸轧中钢液凝固传热过程的数学模型，并通过离散化和差分法给出各节点处温度及焓值的数学模型，通过模拟计算分析了传热系数对凝固场的影响。

Wang J D 等[65]利用商用软件 ProCAST 建立了从浇注到出钢这一时间段内的金属流动、传热和凝固的耦合模型，采用有限元方法求解质量、动能、能量平衡的控制偏微分耦合方程，用流体体积法处理金属流动的暂态自由表面问题，得到了金属薄板拉出的最佳工艺参数。

A. V. Kuznetsov[66]研究了双辊铸轧铝合金薄带过程，建立了流场和温度场的耦合模型，并进行了数值仿真，其结果表明在金属熔池的液相区和黏稠区存在着强对流现象，这破坏了金属枝晶结构并使铸轧过程不稳定。

彭成章[67]以实验测得的辊、带接触换热系数作为边界条件，在拉格朗日坐标系下建立了双辊铸轧铝薄带暂态传热数学模型，并利用有限差分法进行了数值模拟，得出了铸轧辊套材质对金属凝固过程的定量影响规律。

张晓明[68]综合考虑了双辊铸轧过程中的金属湍流、传热和凝固，利用有限元分析理论建立了三维凝固过程流—热及铸辊热—力耦合模型，对铸轧过程的流场、温度场以及铸辊的温度场、应力、变形进行了数值模拟，给出了浇注温度、速度、铸轧力等过程参数对铸轧稳定性的影响规律。

潘丽萍等[69]以双辊铸轧布料系统及金属熔池为研究对象，采用 Fluent 软件建立了温度场、速度场的三维数学模型，并利用数值模拟方法定量分析了熔炼金属的流动及传热规律，用以指导铸轧机设计及优化铸轧过程参数。

Li Q 等[70]采用有限元法对双辊铸轧 304 不锈钢过程的温度场进行建模与仿真，显示了铸轧速度、开浇温度对凝固结合点的影响效果，并利用实测的出钢温度数据进行了验证。在此基础上结合实际铸轧板材的微观组织结构分析，得到铸轧 304 不锈钢的最佳速度及开浇温度。

Li J T 等[71]以镁合金 AZ61 为材料，使用有限元法对铸轧过程的温度场、流场、应力场进行了仿真，并分析了开浇温度、速度对铸轧效果的影响。同时进行一系列实验，得出铸轧镁合金 AZ61 时最优的开浇温度范围和最佳的铸轧速度范围。

Oldfield 于 1966 年在铸轧温度场模拟的基础上，利用传热方程潜热项构造出晶粒形核率和生长速度的函数，从而首次对铸轧薄带凝固组织结构进行了模拟。近些年来，国内外学者对此做了大量研究，已形成了近百种微观组织形核和生长模型。黄锋[72]、Chen M 等人[73]分别利用元胞自动机、相场法模拟了双辊铸轧镁合金薄带过程中金属枝晶形核与生长过程，并通过仿真与实验结果的比对，明晰了主要工艺参数对晶粒大小、取向的影响规律，为进一步优化工艺参数以提高薄带性能提供了相应理论依据。山东大学、燕山大学、山东理工大学等也在双辊铸轧有色金属薄板的性能及微观组织演变[74-75]、应力场数值模拟[76]、温度场和流场耦合分析[77]等方面进行了相关理论研究。

黄锋等[78]采用有限元法，应用 ANSYS 软件实现了双辊铸轧过程中熔池内温度场、速度场和凝固过程的三维耦合模拟，分析了浇注温度、铸轧速度等工艺参数对流场、温度场和凝固终了点的影响规律。

黄华贵等[79-80]采用有限元方法，以铸轧区固－液两相的流变本构模型和接触换热的数学模型为基础，通过 MSC. Marc 二次开发子程序接口，采用生死单元法建立了纯铝双辊铸轧过程的热－力耦合有限元模拟模型，解决了辊套和铸轧区铝带材间的连续耦合传热问题。并且使用燕山大学双辊铸轧机成功制造出 SiCp/Al 复合板，使双辊铸轧技术成为生产复合材料的新技术。

研究双辊倾斜铸轧过程数值模拟的文献有两篇：1992 年，吴卫平等[59]建立了双辊倾斜式薄带连铸传热过程的数学模型；1986 年，牛中生等[60]建立了双辊倾斜式连续铸轧铝板带热过程数学模型。研究异径双辊铸轧过程数值模拟的文献只有三篇：1986 年，马少武等[62]研究了异径双辊薄带铸轧钢液初始凝固的传热特性；1996 年，马少武等[63]对异径双辊薄带铸轧熔池中钢液的流动进行数值仿真；1993 年，姜广良等[64]建立了异径双辊连铸薄带坯凝固传热的数学模型。

由于倾斜铸轧带来的熔池流动和凝固不对称，增大了熔池内流场和温度场的复杂性，必须分析倾斜角度、熔池液位高度、铸轧速度等不同工艺条件对熔池内流场和温度场的影响，从而为调整控制策略提供依据。目前对等径双辊倾斜铸轧数值模拟少有研究。

1.5 双辊倾斜铸轧系统的设计要求

辽宁科技大学从 2004 年起即开展了镁合金双辊铸轧的研究工作[81-82]，并于 2011 年在自主专利技术基础上，基于在连铸和铸轧等领域积累的研究经验，自主开发建设高速铸轧薄板带技术研发平台，以此围绕着过程建模与仿真模拟、设备与工艺优化、相关控制技术等方面展开了深入研究。

该双辊铸轧系统主要特点有：铸轧铜辊水冷构造方式、电磁泵定量给料、液压伺服板厚控制、高速数据采集、PLC 与计算机三级控制等。系统主要由七个子系统组成，分别为水冷辊子系统、冷却水循环子系统、熔化及浇铸子系统、中间包子系统、AGC 液压子系统、主传动子系统、在线监控子系统。

铸辊中心线距地面高 2.8m，受到双辊离地高度的限制，金属薄板卷曲困难，因此倾斜铸轧是一种合适的解决方法。为实现双辊倾斜铸轧，需要对原系统进行设备改进，在原系统基础上增加倾斜铸轧子系统，并考虑关联的传动、浇铸系统提升和冷却水分配等问题。双辊倾斜铸轧示意图如图 1.3 所示。

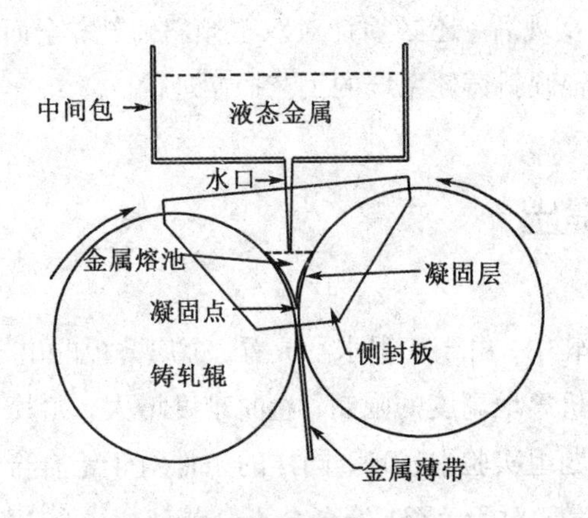

图 1.3 双辊倾斜铸轧示意图

Fig. 1.3 Schematic view of the twin-roll inclined casting process

在双辊倾斜铸轧过程中，随着铸轧辊的机架倾斜，要求侧封板随之倾斜，但是中间包并不倾斜，随着铸轧辊倾斜角度的变化，要求调整中间包高度和水口位置。

在双辊倾斜铸轧中，为了进行建模和分析，需要选择合适的坐标系，本专著选择平面直角坐标系，坐标原点选择左侧的固定辊的圆心，x 轴选择与水平面平行方向，y 轴选择与水平面垂直方向，熔池液面高度 H 为 x 轴到熔池上表面的距离。当液面高度为 90mm，铸轧辊半径为 150mm，辊缝开度为 6mm，倾斜角度（β）为 0°、5°、10°条件下，熔池形状如图 1.4 所示，图中 R 表示铸扎辊半径，G 表示辊缝开度。

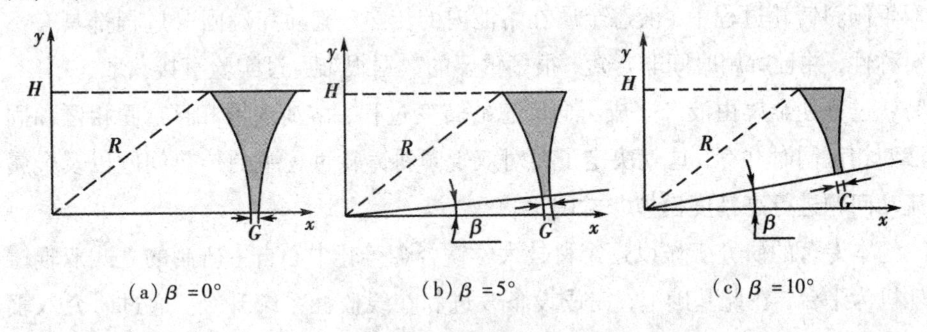

(a) β =0°　　(b) β =5°　　(c) β =10°

图 1.4 熔池形状比较

Fig. 1.4 Comparison of various shape of molten pool

由图 1.4 可知，由于倾斜使熔池形状发生明显改变，金属熔液与固定辊和移动辊接触弧长度不同，导致金属熔液在熔池内流动和凝固的变化，从而使双辊倾斜铸轧的工艺控制与常规铸轧相比发生了很大的变化，常规的模型不再适用。上述机械系统实现后，还必须针对双辊倾斜铸轧，全面分析其特点，建立理论模型，研究双辊倾斜铸轧系统的工艺控制理论。

1.6 问题的提出

在立式双辊铸轧中，由于双辊水平放置，金属薄板的出板方向与地面垂直，薄板长度受到铸轧机离地高度的限制，卷曲难度增大，尤其是镁合金薄板卷曲难度更大。在本课题组实验中发现，同样的条件对于铝合金不会断带，对于镁合金就可能发生断带；对于 AZ31 镁合金不会断带，对于 AZ91 和 AE44 含有较高合金元素比例的合金容易断带。关于镁合金卷曲容易断带的现象是本课题组在实验过程中发现和确认的。尽管尚未有公开报道验证这一情况，但这和镁合金塑性差的特性是一致的。为了解决这一问题，将铸轧机倾斜一定角度，改变出板方向，是一个适合的解决方案。但是，倾斜后导致熔池的不对称性，与对称双辊铸轧相比更为复杂。因此双辊倾斜铸轧研究有很大的困难，第一，双辊倾斜铸轧因其不对称性而使铸轧过程更为复杂，影响因素众多。第二，在双辊倾斜铸轧过程中，倾斜角度、金属熔池液面高度、铸轧速度、辊缝开度及铸轧力等关键参数具有强耦合性、时变性及非线性等特点，微小的过程参数波动就可能导致薄板质量的严重缺陷，甚至出现液态金属泄漏和断板现象。因此，必须建立合适的控制模型，才能更好地实现单一目标甚至是多目标控制。第三，双辊倾斜铸轧过程中，液态金属在熔池内的传热、流动和凝固等过程都具有不对称性，并且所用时间非常短，很多重要的数据很难通过实验直接获取。第四，铸轧过程使金属由液态完成了向固态的转变过程，熔池内液相区、固相区和固液两相区同时并存，这就决定了要对双辊倾斜铸轧过程中的传热问题以及金属流动问题进行高精度模拟非常困难。

本专著的研究工作以辽宁科技大学镁合金铸轧中心自主研制的立式双辊铸轧机为平台，在此基础上，完成设备改进和在线监控系统升级，通过研究双辊倾斜铸轧过程，建立新的耦合倾斜角度的熔池液位模型和铸轧力计算模型，并建立双辊倾斜铸轧熔池内部宏观传输数学模型，进行流热耦合模拟，掌握倾斜角度、熔池液位高度、铸轧速度、水口位置和冷却水供给方式等工艺参数对熔池内流场和温度场的影响规律，在此基础上探讨适合的工艺参数匹配范围。研究适用于双辊铸轧这一类非线性系统的控制模型，设计一种新的带有自适应律的模糊跟踪控制器，使双辊铸轧闭环系统辊缝和熔池液位高度的输出跟踪误差能够收敛到理想控制范围，以提高薄板双辊倾斜铸轧工艺过程的稳定性和改善产品质量。同时增加双辊倾斜铸轧子系统，进行铸轧实验，验证模型的适用性。

1.7 本专著的主要研究内容

本专著围绕等径双辊倾斜铸轧，以铸轧出表面光滑、厚度一致、微观组织均匀的金属薄带为目标，从机械实现、理论模型、数值模拟和工艺控制四个方面开展论述。

① 以辽宁科技大学镁合金铸轧中心自主研制的立式双辊铸轧机为基础，增加倾斜铸轧子系统，设计实现等径双辊倾斜铸轧功能，为系统地研究双辊倾斜铸轧过程提供设备平台。

② 针对等径双辊倾斜铸轧过程进行理论研究，建立双辊倾斜铸轧关于熔池液位高度变化的数学模型和铸轧力计算模型，考虑到倾斜角度的影响，模型具有更广泛的适用性，将常规铸轧熔池液面的数学模型和铸轧力计算模型外推至考虑不同倾斜角度的铸轧。

③ 基于所建立的等径双辊倾斜铸轧熔池液位数学模型，对双辊倾斜铸轧熔池内部进行流热耦合模拟，研究在不同倾斜角度、熔池液面高度、铸轧速度、水口位置、冷却水供给方式等工艺条件下熔池内流场、温度场的分布情况，建立不对称性分析模型，进一步分析工艺参数对熔池内流场和温度场的影响，探讨适合的工艺参数匹配范围，为调整控制策略提供依据。

④ 在模型研究和数值模拟分析的基础上，针对双辊倾斜铸轧过程熔池液位高度变化，建立一种单入单出的非仿射非线性数学模型，实现对液面高度进行合理控制的目标。在此基础上，针对双辊倾斜铸轧过程熔池液位高度和辊缝开度同时变化的情况，建立一种多入多出的非仿射非线性数学模型，设计自适应模糊输出反馈控制器，保证辊缝和熔池液位高度的输出跟踪误差能够收敛到理想控制范围。最后，依据所设计的控制策略进行铸轧实验，生产出质量良好的金属薄带，验证模型的正确性和整体控制策略的有效性。

第2章　双辊倾斜铸轧系统

2.1　引言

要系统研究等径双辊倾斜铸轧，必须开发可实现倾斜铸轧动作和控制的装置。本章系统分析了双辊倾斜铸轧需要实现的功能要求，在原有立式双辊铸轧机的基础上，增加倾斜铸轧子系统，并考虑解决了关联的传动、浇铸系统提升和冷却水分配等问题，围绕着设备与工艺优化、过程建模与仿真模拟、相关控制技术等方面展开了深入研究。

2.2　原双辊铸轧系统

2.2.1　设备组成

辽宁科技大学镁合金铸轧中心(以下简称中心)开发的立式双辊铸轧平台如图2.1所示，系统主要特点有：铸轧铜辊水冷构造方式、电磁泵定量给料、液压伺服板厚控制、高速数据采集、PLC与计算机三级控制等。

图2.1　双辊铸轧平台

Fig. 2.1　Twin-roll casting platform

铸轧平台主要由7个子系统组成，分别为水冷辊子系统、冷却水循环子系统、熔化及浇铸子系统、中间包子系统、AGC液压子系统、主传动子系统、在线监控子系统。铸轧平台的主要设备参数如表2.1所示。

表2.1 铸轧机主要设备参数

Tab. 2.1 Main equipment parameters of the caster

参数	指标
铸轧辊面宽	0.26m
铸轧辊直径	0.3m
成品厚度	2~6mm
成品最大宽度	0.26m
额定轧制力	13.5kN
最大轧制速度	60m/min
铸轧机综合刚度	1600N/mm
冷却水最大流量	12 m^3/h
冷却水泵压力	0.8MPa
主驱动电机	30kW

(1)水冷辊子系统

铸轧过程既是金属快速凝固的过程，同时又伴随着金属轧制变形，这就要求铸轧辊既要有很好的导热性能而保证金属快速凝固，又要有很好的抗变形能力来承受金属轧制变形产生的抗力。本铸轧系统选用导热性能和抗变形能力好的CuCrZr合金制造辊套，辊芯内部有冷却水槽，利用高速大水量实现强化冷却。采用等径双辊，一个铸轧辊固定在机架上，另一个铸轧辊由液压系统控制移动，从而控制辊缝。

(2) 冷却水循环子系统

铸轧高质量的板材需要铸轧辊具有既合适又稳定的冷却强度，当其他因素不变时，不同的冷却强度会直接影响金属熔液的凝固速度。如果冷却强度太高则很容易出现金属熔液凝固速度过快，导致铸轧薄板因承受的铸轧力过大而横裂，甚至可能出现断板现象；如果冷却强度太低则很容易出现金属熔液凝固速度过慢，导致铸轧薄板存在液芯，甚至使铸轧薄板的表面凸凹不平。冷却水循环子系统主要由蓄水池、供水水泵、密闭水管、旋转接头、水流量计、进口与出口温度传感器等组成。通过进口和出口的温度传感器监测进口和出口的水温，然后调整供水水泵的变频电机转速从而调节冷却水量和水速来控制冷却强度。

冷却水系统采用双蓄水池、双水泵电机、双电磁流量计，两套冷却辊可以用不同的冷却水量实现不同强度的冷却控制。

（3）熔化及浇铸子系统

熔化及浇铸子系统利用电磁泵来控制液体金属输送到中间包中，实现了液态金属的全封闭定量输送，有效防止液态金属在高温下被氧化，为高速连续生产及板材质量提供保障。为了减小熔池液位高度变化，中间包液面尽可能稳定在一定范围内，从而保证整个双辊倾斜铸轧过程稳定。

（4）中间包子系统

中间包子系统主要由包体、塞棒、水口、微伺服电机等组成。在双辊铸轧过程中，先将熔化及浇铸子系统输出的液态金属输送到中间包，液态金属通过水口流入熔池，熔池的液态金属流入量通过微伺服电机调节塞棒高度进行控制。由此可见，要保持金属熔池液位高度稳定，中间包塞棒高度的控制至关重要。在双辊铸轧过程中，中间包始终水平放置，并且将水口的位置选择在液面中间。

（5）AGC 液压子系统

在双辊铸轧平台中，液压系统有两个功能：第一，辊缝调节，通过驱动移动辊位移，保持辊缝以使铸轧薄板厚度一致，同时平衡金属变形抗力；第二，驱动双向侧封板，在双辊倾斜铸轧过程中侧封液压缸驱动双向侧封板使其与铸辊侧面紧密相连以形成金属熔池。其中辊缝调节是铸轧工艺的核心要素，其直接决定薄板厚度的一致性，对该控制的稳定性、准确性、快速性均有极高要求。为此，中心自主开发了三通阀控非对称液压 AGC 系统，该系统最大设计输出压力为 16MPa，工作频率为 50Hz，位置控制精度可达 0.01mm。

（6）主传动子系统

主传动子系统驱动两个铸轧辊相向转动，其主要设备由直流电机、减速机、齿轮基座、万向连接轴、电机编码器及直流调压器等组成。系统监测电机编码器反馈，通过调压器调节电机输出，以维持合适的铸轧速度。铸轧电机功率为 30kW，最大转速为 60r/min。

（7）在线监控子系统

在线监控子系统实现对双辊铸轧过程全面监控与管理，由铸轧机监控主界面、铸轧监控、冷却水监控、熔化供料监控、液压监控、主要参数监视、参数趋势显示 7 个部分组成。

2.2.2　控制策略

① 依据预设辊缝值，液压系统投入闭环 PID 调节，保证铸轧辊缝维持稳定，同时依靠中间包塞棒高度调节、铸辊转动电机直流调节、冷却系统变频调节等手段保证中间包熔池液位、辊速及冷却水流量等单元各自独立达到稳定。

② 在分析相关工艺参数对金属熔池液面高度影响关系的基础上，确定了熔池液面模糊器的基本结构，并采用交叉、变异算子随遗传代数自适应变化的遗传算法，对模糊参数进行了优化，以提高控制性能。仿真结果表明，熔池液面在 75~85mm 的变化范围内，控制器的响应时间、稳态误差满足熔池液面的控制要求。该控制器具有较强的鲁棒性，可有效降低整体铸轧控制的繁杂程度。

③ 以辊面凝固壳厚度为摄动量，应用摄动法将铸轧力与辊缝解耦为统一的一维变参模型，并在典型摄动值下验证了该模型的稳定性。为补偿摄动量变化对铸轧过程的影响，提出了自适应的 PI 控制策略，并以 Q235 钢及 AZ31 镁合金为铸轧材料，结合理论计算与仿真结果分析，确定了 PI 控制器的自适应参数。应用熔池液位的遗传优化模糊控制器、铸轧力与辊缝解耦的 PI 自适应控制器，进行 AZ31 镁合金铸轧实验，其结果表明铸轧过程稳定，生产出的薄带表面无明显缺陷，厚度一致，微观组织分布均匀。

以 AZ31 镁合金为材料，进行了一组针对性实验，所铸轧的镁合金薄板照片如图 2.2 所示。

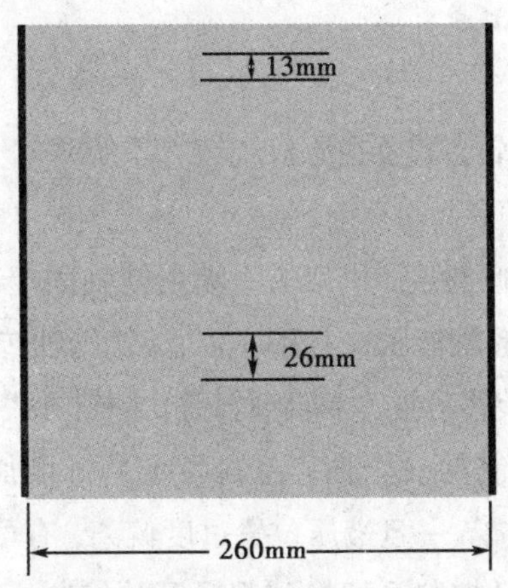

图 2.2　铸轧镁合金薄板照片

Fig. 2.2　Casting magnesium alloy strip image

铸轧镁合金薄板微观组织结构如图 2.3(a)所示。薄板经均匀化退火处理后，其微观组织如图 2.3(b)所示，其上晶粒大部分为等轴晶，分布均匀。

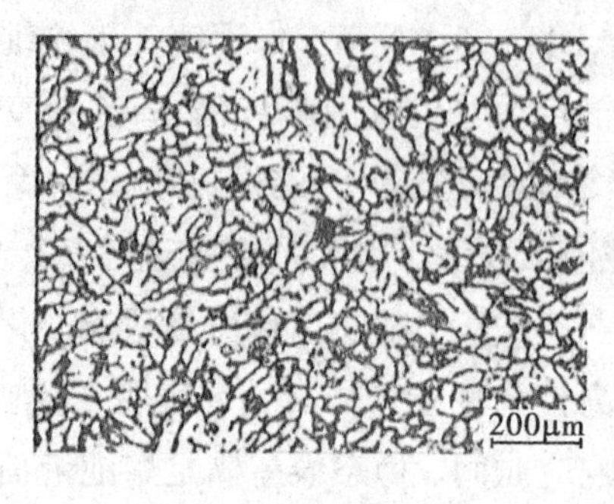

(a)铸轧组织

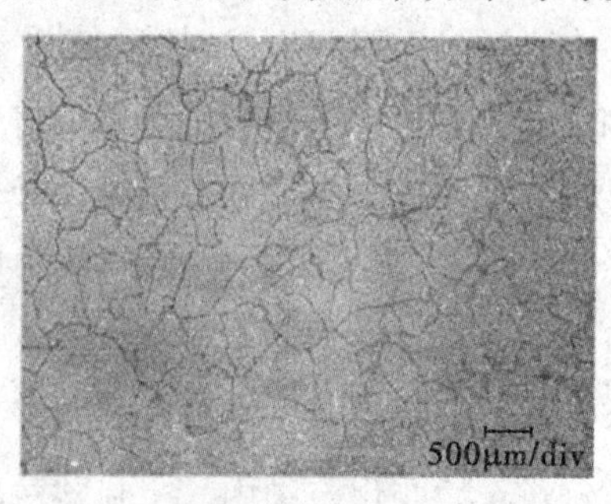

(b)铸轧均匀化退火后组织

图 2.3　铸轧镁合金薄板微观组织图

Fig. 2.3　Casting magnesium alloy strip microstructure image

然而，原双辊铸轧系统由于双辊水平放置，金属薄板的出板方向与地面垂直，薄板长度受到铸轧机离地高度的限制，卷曲难度增大，尤其是镁合金薄板卷曲难度更大。为了解决这一问题，可将铸轧机倾斜一定角度，改变出板方向。

2.3　双辊倾斜铸轧子系统的实现

2.3.1　设备改进

要实现双辊倾斜铸轧，需要在原双辊铸轧系统基础上进行设备改进。

(1) 铸轧机倾斜实现

增加铸轧机的机架倾斜度，机架的一端用销轴固定在铸轧机平台上，另一端用倾翻液压缸连接，倾翻液压缸上升时，机架绕销轴转动。销轴一端安装固定辊，倾翻液压缸一端安装移动辊。双辊倾斜铸轧倾斜方式示意图如图 2.4 所示。

为确保铸轧过程控制的安全性，控制系统另行增加三个行程开关控制定位，作为铸轧的保护系统。一旦液压位置过度偏离，有可能导致设备倾翻失控，触发三个行程开关，PLC 控制可切换到逻辑开关控制，自动停止倾翻动作，防止意外发生。控制定位开关可以实现 5°，10°，15°三个不同角度倾斜，倾斜后放水平或水平再调倾斜，动作平顺，铸轧平稳。中心自主开发了三通阀控非对称液压 AGC 系统，其最大设计输出压力为 16MPa，工作频率为 50Hz，位置控制精度可达0.01mm。图2.5是铸轧机倾斜角度控制装置。

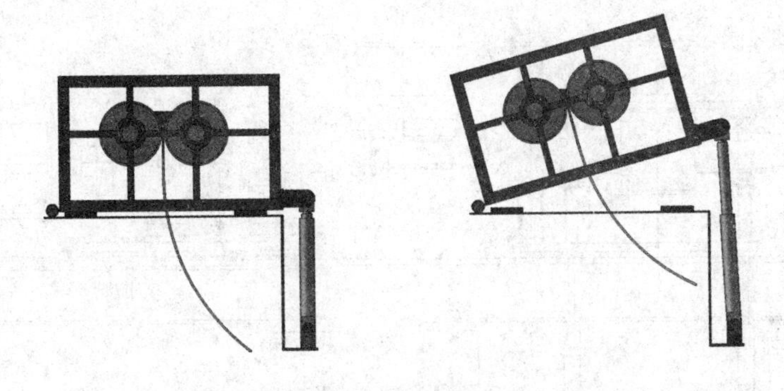

图2.4 双辊倾斜铸轧倾斜方式示意图

Fig. 2.4 Schematic view of the twin-roll inclined casting

图2.5 铸轧机倾斜角度控制装置

Fig. 2.5 Inclination angle control device of twin-roll inclined casting

(2)传动系统平台倾斜实现

传动系统底座的一端用销轴固定在传动系统平台上，另一端用倾翻液压缸连接，液压缸上升时，传动系统平台绕销轴旋转，并带动整个传动系统旋转。铸轧机平台与传动系统平台分开，相互独立，可避免传动系统的振动通过平台连接传递到铸轧机上。传动系统与铸轧机间通过可伸缩的万向联轴器连接，该联轴器可以补偿倾翻液压缸间的不同步，可简化倾翻过程的控制，使操作容易。如果倾斜铸轧时的倾斜角度较小，则由于使用了万向连接轴，传动系统平台可以不倾斜；如果倾斜铸轧时倾斜的角度较大，则传动系统平台也需要倾斜，而且最好与铸轧机的机架倾斜相同的角度。调整倾斜角度的液压缸示意图如图2.6所示。

(3)中间包回转台升降实现

铸轧机平台上的中间包回转台T形结构与提升液压缸连接，当铸轧机达到

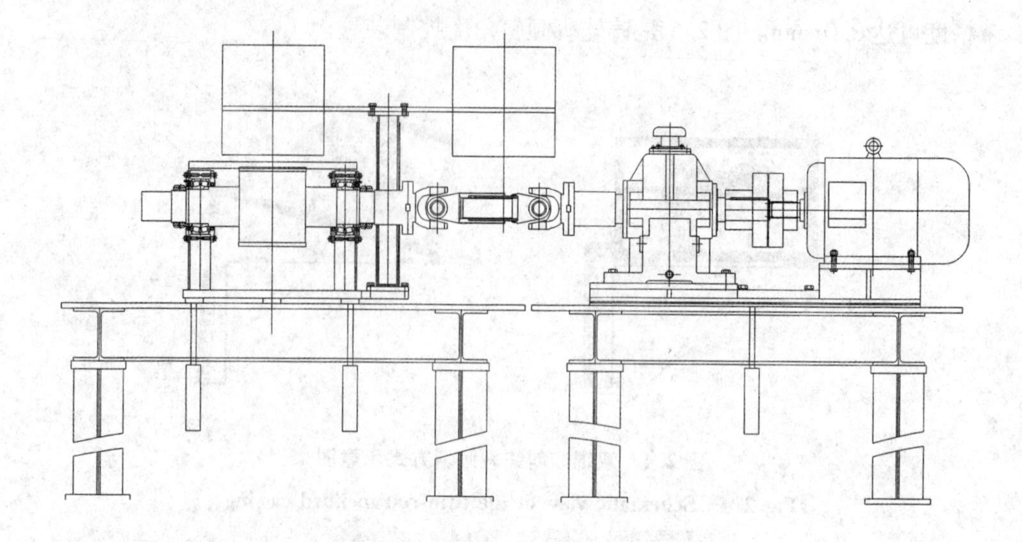

图 2.6　调整倾斜角度的液压缸示意图

Fig. 2.6　Schematic view of the hydraulic cylinder for adjusting inclination angle

设定角度后，可以通过控制提升液压缸和调整螺栓及中间包的耳轴调整中间包的上、下、左、右位置，使水口与铸辊平行。

（4）导板倾斜实现

铸轧机倾斜角度直接改变出板方向，增加导出液压缸控制导板倾斜角度。由于铸轧过程中温度及厚度是实时变化的，其在固定的弯曲半径弯曲过程中所受的弯曲应力也是变化的。此时根据出板厚度及温度调整倾翻液压缸及导出液压缸带动导板，使铸板能够以适当的角度转变为水平运动，使出板顺利进行。例如，在铸轧机倾斜 15°以后，铸板的弯曲半径由 1500mm 变为 2000mm，减小了弯曲过程中的弯曲应力。出板完成后，再次启动在线调整装置，调整铸轧机的角度，使其恢复到水平位置或其他角度继续铸轧。双辊倾斜铸轧示意图如图 2.7 所示。

设备改进后，双辊倾斜铸轧平台如图 2.8 所示。

在双辊倾斜铸轧平台中，液压系统在原有的辊缝调节功能和驱动双向侧封板功能的基础上，增加了倾斜角度调节、中间包高度调节和导板角度调节功能，液压系统功能如下：

（1）辊缝调节

通过驱动移动辊位移，保持辊缝以使铸轧薄板厚度一致，同时平衡金属变

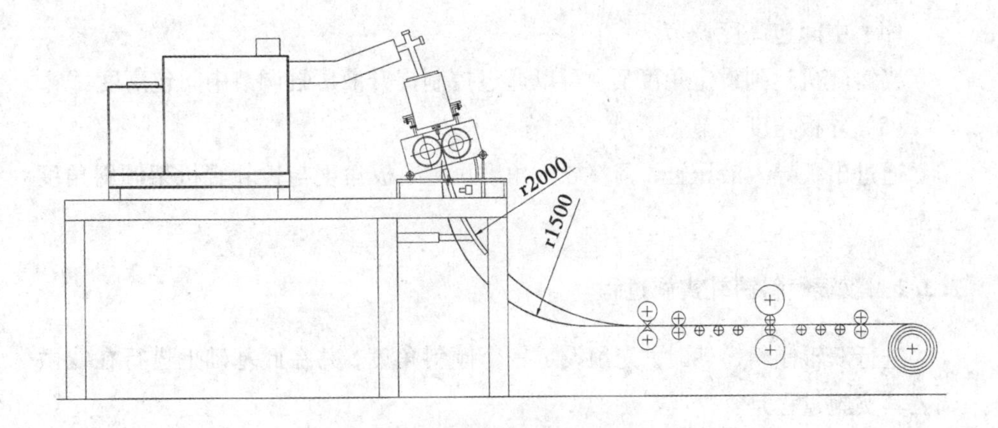

图 2.7　双辊倾斜铸轧示意图

Fig. 2.7　Schematic view of the twin-roll inclined casting

图 2.8　双辊倾斜铸轧平台

Fig. 2.8　Twin-roll inclined casting platform

形抗力。

（2）驱动双向侧封板

在双辊倾斜铸轧过程中侧封液压缸驱动双向侧封板使其与铸辊侧面紧密接触以形成金属熔池。

（3）倾斜角度调节

通过铸轧机平台倾翻液压缸驱动铸轧辊机架和电机机架，既可以控制铸轧辊的机架指定倾斜角度，又可以在铸轧过程中动态调整倾斜角度。

(4) 中间包高度调节

当铸轧机达到设定角度后，可以通过控制提升液压缸调节中间包高度。

(5) 导板角度调节

通过出板导入液压缸，调整导板角度，使导板角度与铸轧辊机架倾斜角度匹配。

2.3.2 双辊倾斜铸轧实施过程

进行双辊倾斜铸轧时，先预设定一个倾斜角度，并在此基础上进行在线微调。其实施过程是：

① 启动液压系统，开动铸轧机倾翻液压缸以设定倾斜角度，并由倾翻角度测量装置检测倾翻角度位置信号。

② 开动传动机构倾翻液压缸，使得电机机架与铸轧机的机架倾斜相同的角度。

③ 当铸轧机和传动系统都达到设定角度后，倾翻液压缸锁紧，固定倾斜角度。

④ 开动提升液压缸调整中间包高度。

⑤ 当所有准备工作做好以后，开动铸轧机及其各系统，熔化炉把金属熔化后，注入中间包，中间包内的熔融金属通过水口浇铸到两个水冷相对旋转的铸辊和侧封之间形成的熔池中，铸板在接触铸辊后开始凝固，两片凝固的铸板在辊缝中心线上方结合并经过一定的变形量后出辊缝形成铸板，铸板厚度由测厚仪测出，温度由红外测温仪测出，并把信号发送到 PLC 控制系统中。

⑥ 根据出板厚度及温度调整倾翻液压缸及导出液压缸带动导板，使铸板能够以适当的角度转变为水平运动，使出板顺利进行。

2.3.3 在线监控系统升级

设备改进后，需要对原在线监控系统进行升级，尤其增加对液压系统的有效监控。双辊倾斜铸轧在线监控系统实现对双辊倾斜铸轧过程全面监控与管理，由铸轧机监控主界面、铸轧监控、冷却水监控、熔化供料监控、液压监控、主要参数监视、参数趋势显示 7 个部分组成。铸轧机监控主界面如图 2.9 所示，显示铸轧机本体、冷却水、熔化供料系统的主要工艺流程，并提供核心参数监视，同时操作者可以通过屏幕上方的菜单快速进入各个子界面，以详细掌握铸轧各单元工作情况。

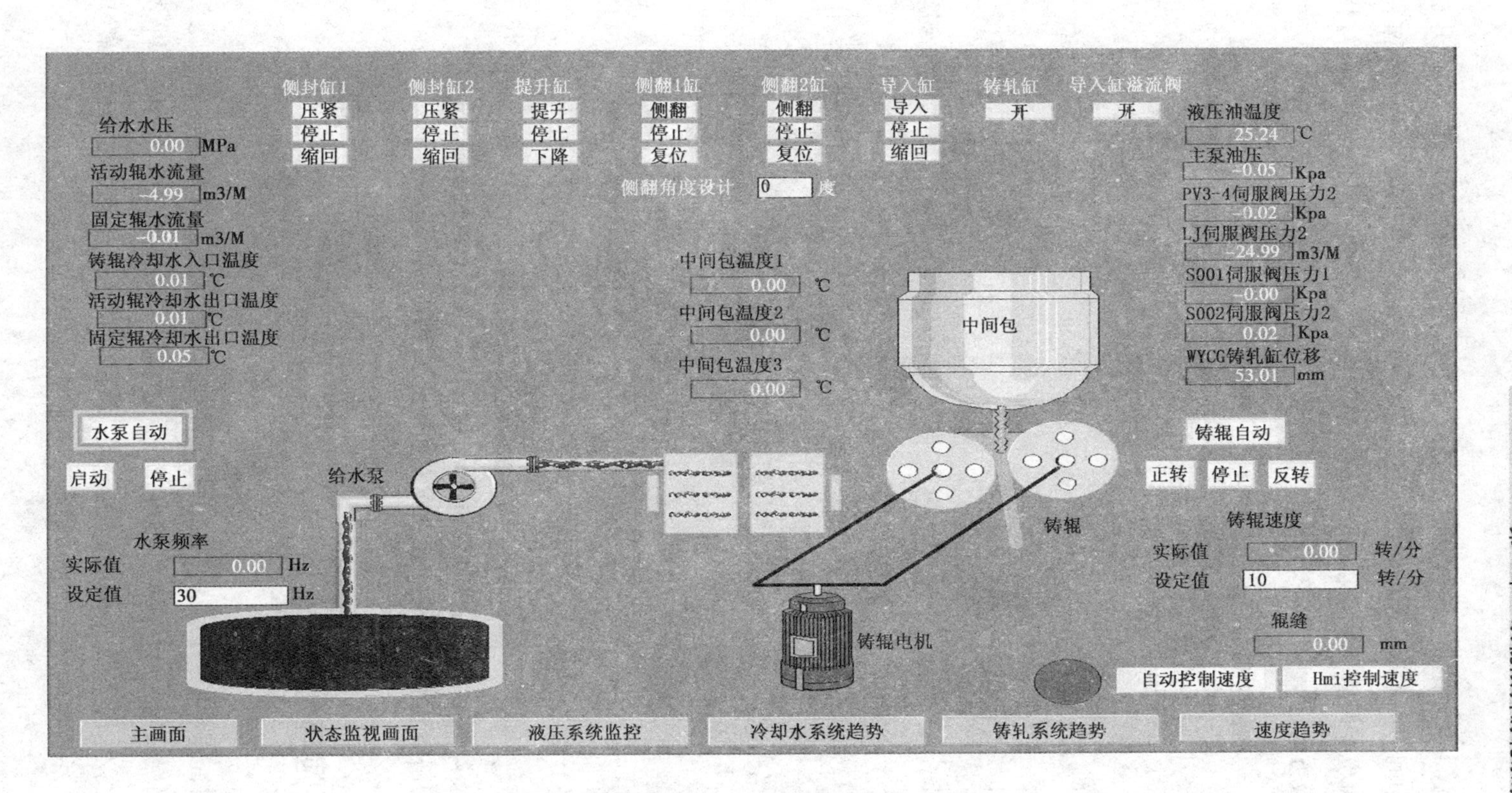

图2.9　双辊倾斜铸轧平台主监控界面

Fig.2.9　Main monitoring interface of the twin-roll inclined casting

双辊倾斜铸轧液压系统各阀台控制原理图如图 2. 10 所示。其中，提升缸用于控制中间包高度，两个侧封液压缸用于控制侧封板，左侧第一个倾翻缸用于控制电机机架倾斜角度，第二个倾翻缸用于控制铸轧机倾斜角度，导入缸用于控制导板方向。

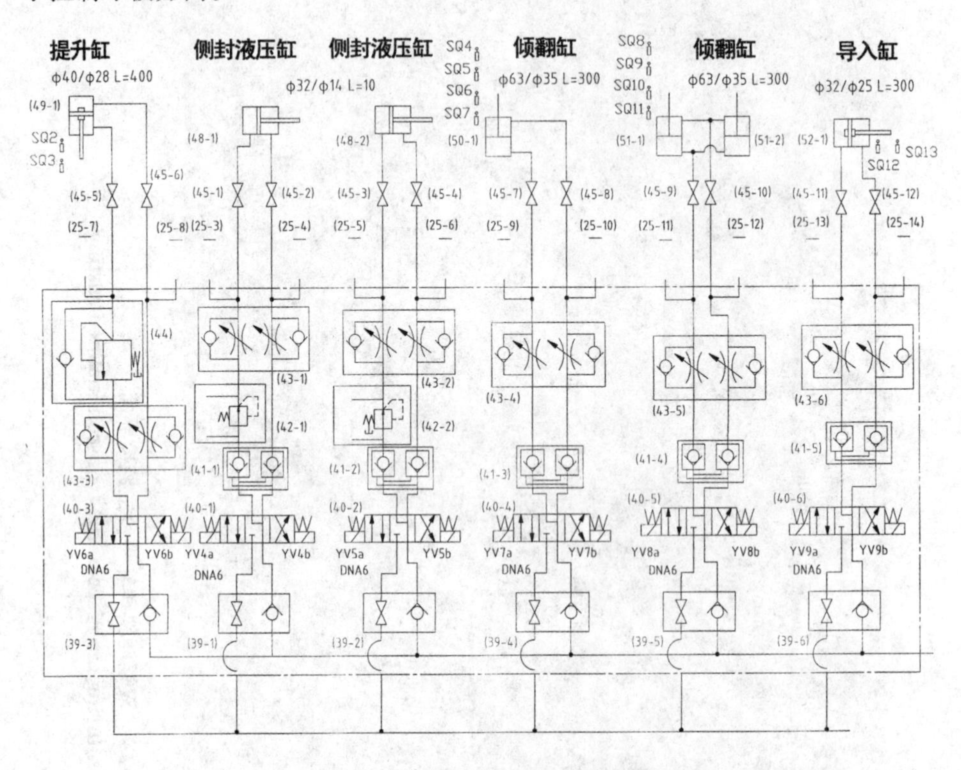

图 2. 10　液压系统各阀台控制原理图

Fig. 2. 10　Control principle diagram of each valve of hydraulic system

双辊倾斜铸轧液压系统监控主界面如图 2. 11 所示。

2. 4　实验与分析

为了研究双辊倾斜铸轧的规律，测试常规铸轧控制模型在双辊倾斜铸轧系统中是否仍然适用，并有针对性地确定下一步的研究方向和研究内容，进行多次铸轧实验。采用 7075 铝合金，用实验室研发的倾斜铸轧机进行多次铸轧实验，浇铸了 2mm 厚的铝合金薄板带材。合金材料成分如表 2. 2 所示。

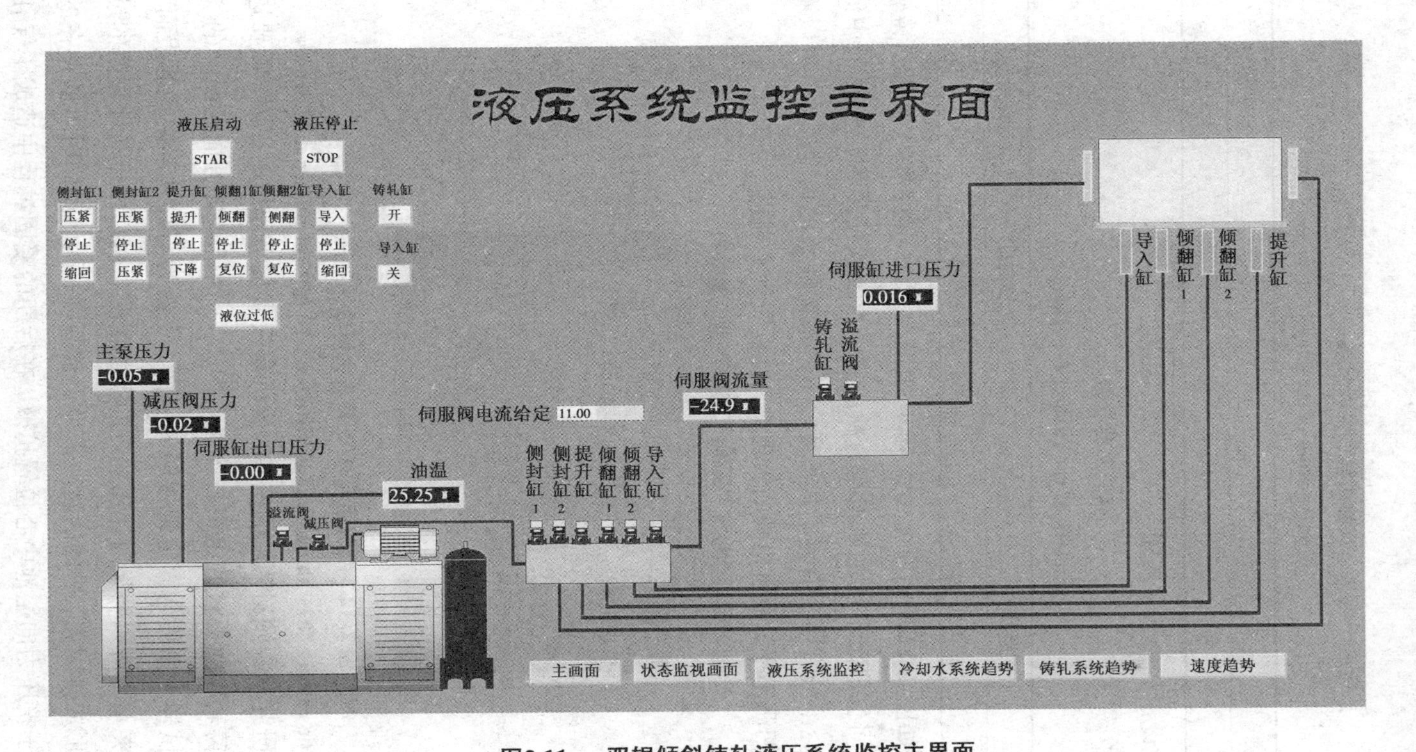

图2.11 双辊倾斜铸轧液压系统监控主界面

Fig.2.11 Main monitoring interface of the hydraulic system for the twin-roll inclined casting

表 2.2　　实验用铝合金成分表

Tab. 2.2　　Composition of Al alloy

元素	Al	Cu	Mg	其他
含量/%	95	2.7	1.1	1.2

实验参数设定如表 2.3 所示。

表 2.3　　铸轧实验参数

Tab. 2.3　　Parameters of the casting experiment

浇铸温度/K	辊缝/mm	铸轧速度/($m \cdot min^{-1}$)	液面高度/mm	倾斜角度/(°)
930	2	6	90	10

实验得到如图 2.12 所示厚度为 2.4mm,宽度为 200mm 的 7075 薄带。铸轧带的长度与中间包液态金属的质量有直接关系，本实验使用固定箱体的中间包，液态铝合金溶液有限，限制了其长度。不考虑铸轧板的长度尺寸，可以看出，薄板表面凹凸不平，甚至出现断板现象，薄板质量不理想。

图 2.12　双辊铸轧 7075 铝合金薄板实物图

Fig. 2.12　The casting 7075 aluminum alloy strip image in twin-rolling strip process

为了深入研究双辊倾斜铸轧的规律，分析薄板质量不理想的原因，需要进一步分析倾斜铸轧出的板材的组织与性能。图 2.13 为沿铸轧方向的断面的宏观腐蚀结果。试样上面为与固定辊接触的表面，下面为与移动辊接触的表面，宏观腐蚀后的夹杂带可以明显对比出两侧的凝固情况。两面由于与轧辊间的过冷度较大直接形成凝固壳，中间的腐蚀带为正常凝固，两侧凝固时可能存在的气体及杂质由于挤压力向熔池中心位置扩散，在后期的凝固过程中造成了气孔等缺陷。对比三张图，发现腐蚀带位置偏左侧固定辊，左侧凝固壳比右侧凝固壳薄。

(a)试样1

(b)试样2

(c)试样3

图2.13 三组铸轧方向的宏观腐蚀表面形貌

Fig. 2.13 Macro-surface after etching along the casting direction in three specimens

图2.14是使用ZEISS ΣIGMA|HD扫描电镜得到的多组实验试样的微观组织图。试样1、2、3为厚度方向上整体形貌，图中划线区域是腐蚀带位置，有气孔及夹杂等缺陷，在每部分图中的上、下表面组织放大，分析其不对称组织的特点。与传统的立式铸轧组织相比，原有的上下对称的铸轧组织变成了上下晶粒尺寸及晶粒形成方向不同的异态组织。上面固定辊附近的晶粒为等轴晶粒，这是因为该侧流速相对较低，没有明显的温度梯度，且凝固速度较慢，晶粒呈等轴生长。右侧粗晶晶粒尺寸较大，约为30μm，呈片状，但未形成铸轧组织的枝晶(试样A)。下面晶粒除了在尺寸上比上面大，在晶粒形成的方向上也有一定的方向性，如图试样B1、B3中箭头指向。这是因为右侧熔池金属湍流流动，在右熔池能有旋涡现象，在凝固的过程中带动液态金属方向性流动，进入轧制区域时，在挤压力的作用下，半固态/固态铝合金的成形沿着金属流动方向，晶粒生长方向顺着金属的流动及受力方向。从组织的形态种类上看，晶粒形状趋向于等轴，但大小不一。

以上三组实验不成功的原因在于:

① 双辊倾斜铸轧是一个复杂的过程，其各过程参数之间存在着强烈的耦合性，倾斜后，需要重新建立铸轧过程模型以进行深入研究。

② 试样上面(固定辊侧)的晶粒为等轴晶粒，下面(移动辊侧)的晶粒除了在尺寸上比上面大，在晶粒形成的方向上也有一定的方向性，分析认为固定辊侧流速相对较低，没有明显的温度梯度，移动辊侧熔池金属湍流流动，在移动辊侧熔池可能有旋涡现象。需要对双辊倾斜铸轧熔池内流场和温度场进行模拟，分析不对称的具体原因，寻求合适的工艺参数。

③ 实验中采用了原双辊铸轧的控制策略，倾斜后熔池发生变化，明显具有不对称性，控制熔池液位高度、辊缝、铸轧力等工艺参数难度增大，需要通过进一步的仿真与实验研究，遏制各过程参数之间的耦合性，进而提高系统的鲁棒性，最终实现较好的控制效果，生产出符合要求的铸轧薄板。

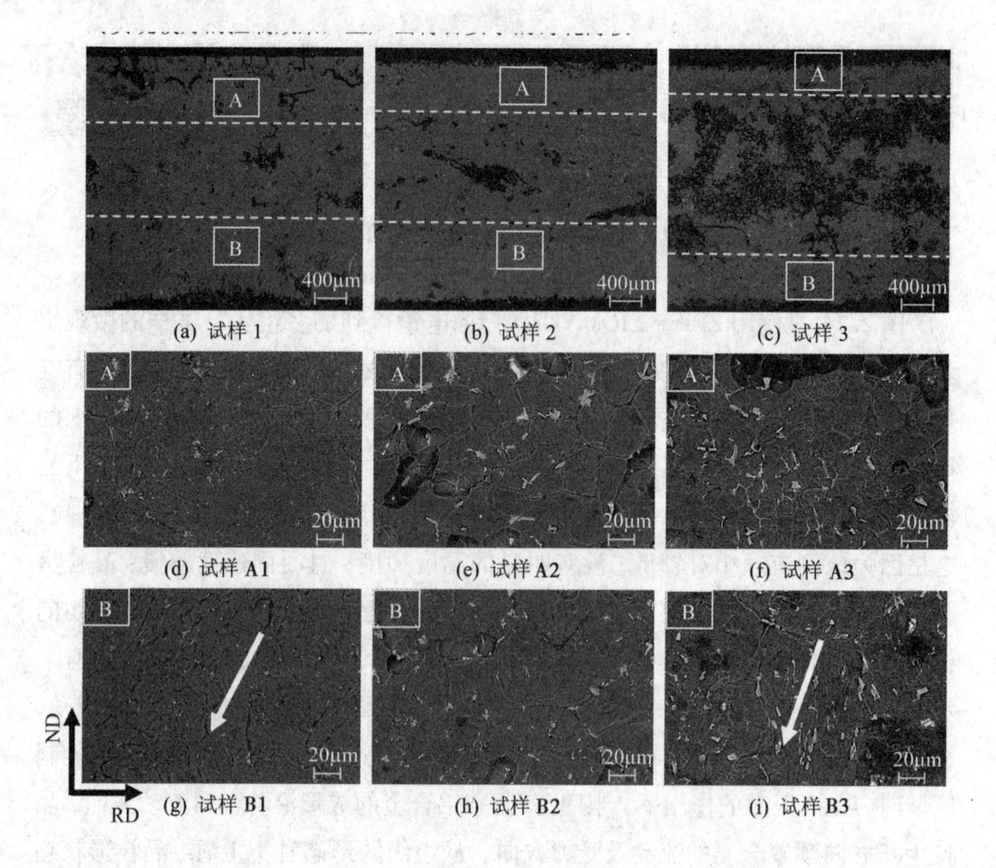

A——固定辊侧；B——移动辊侧

图 2.14　SEM 观察的显微组织形貌

Fig. 2.14　SEM microstructure image of strip cross section

2.5　本章小结

本章主要介绍了双辊铸轧系统，在此基础上，增加双辊倾斜铸轧子系统，并采用原控制策略进行双辊倾斜铸轧实验，证实应用原常规铸轧模型难以取得良好效果，但其明晰了双辊倾斜铸轧过程及其控制的复杂性，为进一步的理论与实践研究明确了方向。

第 3 章　双辊倾斜铸轧过程建模

3.1　引言

由于倾斜带来的流动和凝固的变化，双辊倾斜铸轧的工艺控制与常规铸轧相比发生了很大的变化，常规的模型不再适用。为了得到良好的控制效果，进而生产高质量的金属薄板，就必须对铸轧过程的规律进行分析，建立相关的数学模型。本章针对双辊倾斜铸轧金属熔池液位的几何形状特点，依据铸轧过程所遵循的能量平衡及力矩平衡，综合考虑金属连续性及凝固特点，分别建立了熔池液位模型和铸轧力模型，为下一步的数值模拟、双辊倾斜铸轧解耦及智能控制算法的研究提供了理论基础。

3.2　双辊倾斜铸轧熔池液位模型

双辊倾斜铸轧过程是一个非常复杂的过程，熔化浇铸子系统将金属熔液倾倒到中间包中，由微伺服电机控制中间包塞棒高度，进而控制金属浇注到铸轧熔池的流量。两个水冷铸轧辊相向转动，并同两个侧封板形成一个楔形空间，金属通过中间包水口流入该空间，形成熔池。

双辊倾斜铸轧系统示意图如图 3.1 所示。

根据双辊倾斜铸轧金属熔池的几何特点及铸轧过程金属的连续性，可建立熔池液位模型。图 3.1 中，$H(t)$表示熔池液位高度，G 表示辊缝，R 表示辊半径，阴影部分 S 表示熔池断面积，ω 表示铸轧辊旋转的角速度，Q_{in}表示金属流入熔池量，Q_{out}表示金属流出熔池量。以金属熔池为对象，依据物质连续方程，可得式(3.1)：

$$\dot{m} = \dot{m}_{in} - \dot{m}_{out} \tag{3.1}$$

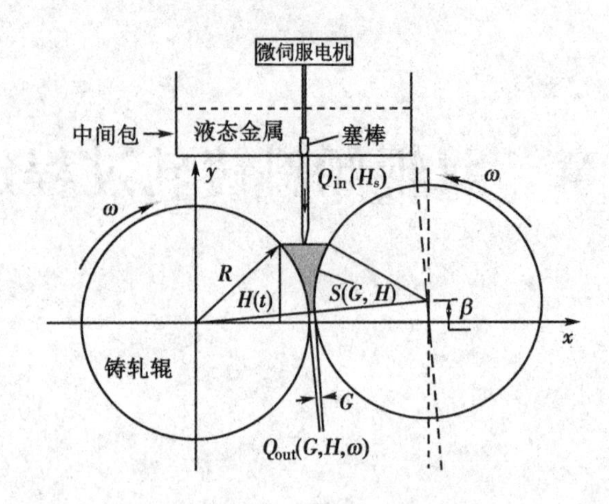

图 3.1　双辊倾斜铸轧系统示意图

Fig. 3.1　Schematic view of the twin-roll inclined casting

式中：$\dot{m}$ ——熔池内金属质量的变化率；

$\dot{m}_{in}$ ——流入熔池的金属质量变化率；

$\dot{m}_{out}$ ——流出熔池的金属质量变化率。

假设金属在铸轧过程中没有收缩，即金属密度不变以简化模型，则式(3.1)可写为：

$$\frac{dV}{dt} = Q_{in} - Q_{out} \tag{3.2}$$

式中：V ——熔池内金属体积，m^3；

t——时间。

3.2.1　模型边值条件分析

(1) 最大倾斜角度分析

要形成熔池液面，从几何条件来看，最大倾斜角度必须满足 $\beta < \arcsin\frac{R}{R+G}$ [式中：β 表示倾斜角度，单位(°)；G 表示辊缝，单位 m；R 表示辊半径，单位 m]，最大倾斜角度分析如图 3.2 所示。从实际意义来看，双辊倾斜铸轧的最大倾斜角度要比 $\arcsin\frac{R}{R+G}$ 小得多。

(2)熔池断面积计算积分上下限分析

计算熔池断面积时，要确定积分上下限，因为熔池液面与 x 轴平行，所以积分上限可直接确定为 $y = H$。然而，由于倾斜，出板方向与倾斜角度有关，

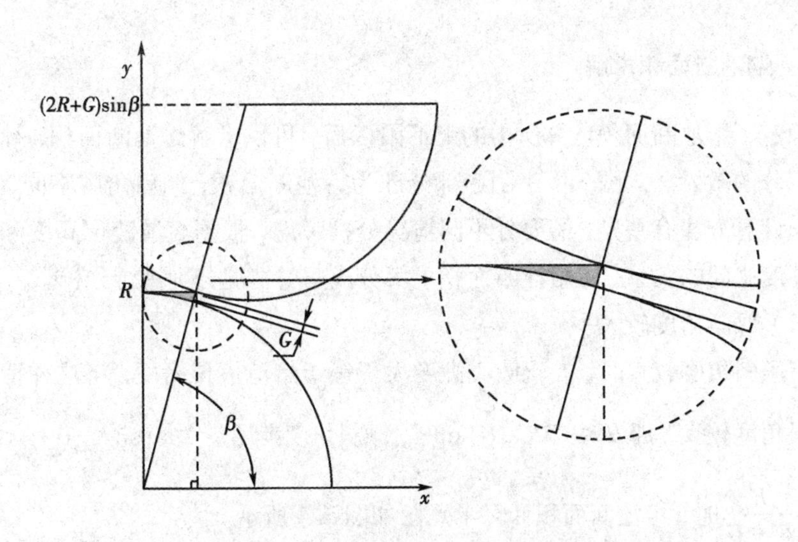

图 3.2　最大倾斜角度分析示意图

Fig. 3.2　Schewatic view of maximum inclination angle analysis

与 x 轴不垂直，所以，积分下限为斜线，增加了计算复杂性。从图 3.3 中可以看出，由于 $S_2 = S_3$，可知 $S_1 + S_2 = S_1 + S_3$。

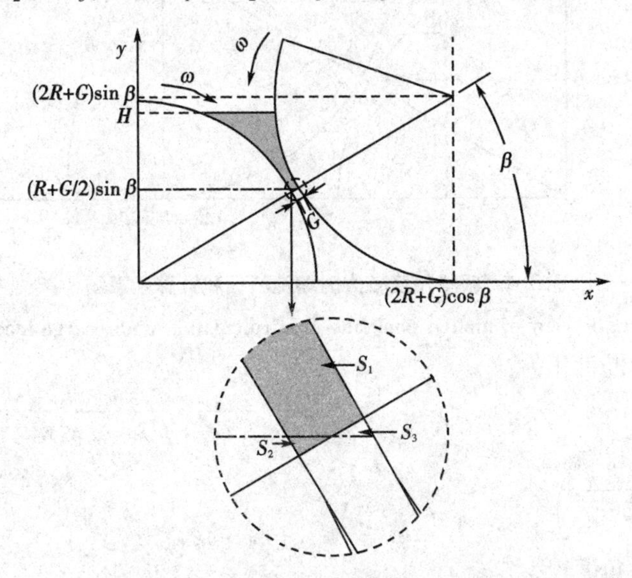

图 3.3　熔池断面积计算积分下限分析示意图

Fig. 3.3　Schewatic view of molten pool side area calculation analysis

因此，为了计算方便，将积分下限做如下等价代换，取过两圆心连线中点的直线 $y = \left(R + \frac{G}{2}\right)\sin\beta$（式中：$G$ 表示辊缝，单位 m；R 表示辊半径，单位 m）。

3.2.2 熔池断面积求解

确定了熔池断面积计算所需的上下限以后，可以求解熔池断面积，计算采用定积分的微元法。图 3.1 中阴影部分即为熔池断面积，倾斜角度不同，熔池断面积计算方法有差异，需要分不同情况分别考虑，根据熔池液位高度和右辊圆心高度之间的关系，将熔池断面积求解分成两类情况分别进行分析。

（1）倾斜角度较大

当倾斜角度较大时，右辊圆心高度大于等于熔池液位高度，将这种情况称为倾斜角度较大，即 $H \leqslant (2R+G)\sin\beta$，倾斜角度满足条件 $\arcsin\dfrac{H}{2R+G} \leqslant \beta < \arcsin\dfrac{R}{R+G}$ 时，熔池断面积计算示意图如图 3.4 所示。

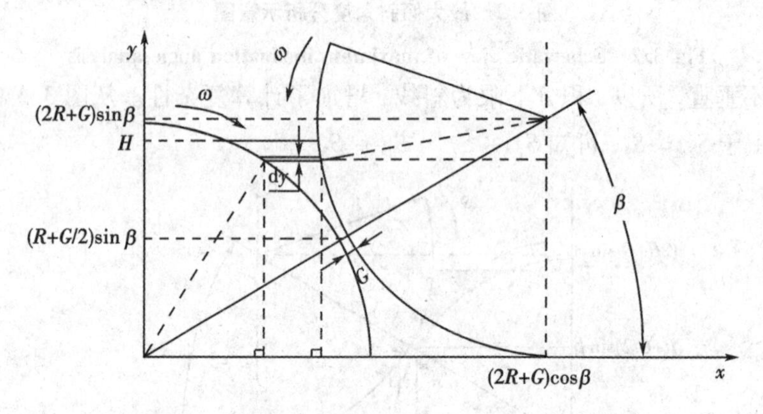

图 3.4　倾斜角度较大时熔池断面积计算示意图

Fig. 3.4　Schematic view of molten pool side area calculation under large inclination angle

此时熔池断面积为：

$$S = \int_{\left(R+\frac{G}{2}\right)\sin\beta}^{H} \left((2R+G)\cos\beta - \sqrt{R^2 - [(2R+G)\sin\beta - y]^2} - \sqrt{R^2 - y^2} \right) \mathrm{d}y \tag{3.3}$$

（2）倾斜角度较小

当倾斜角度较小时，右辊圆心高度小于熔池液位高度，将这种情况称为倾斜角度较小，即 $H > (2R+G)\sin\beta$，倾斜角度满足条件 $0 \leqslant \beta < \arcsin\dfrac{H}{2R+G}$ 时，熔池断面积计算示意图如图 3.5 所示。

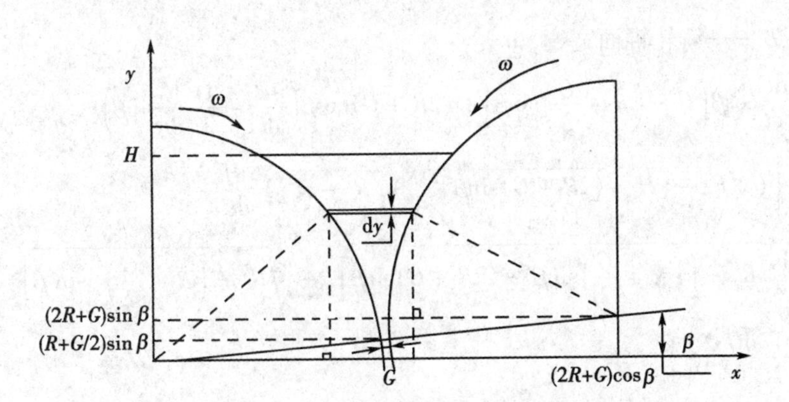

图 3.5　倾斜角度较小时熔池断面积计算示意图

Fig. 3.5　Schematic view of molten pool side area calculation under small indination angle

此时熔池断面积为：

$$S = \int_{(2R+G)\sin\beta}^{H}\left((2R+G)\cos\beta - \sqrt{R^2-[y-(2R+G)\sin\beta]^2} - \sqrt{R^2-y^2}\right)\mathrm{d}y + \int_{\left(R+\frac{G}{2}\right)\sin\beta}^{(2R+G)\sin\beta}\left((2R+G)\cos\beta - \sqrt{R^2-[(2R+G)\sin\beta-y]^2} - \sqrt{R^2-y^2}\right)\mathrm{d}y \tag{3.4}$$

（3）综合求解

综合以上倾斜角度较大和倾斜角度较小两种情况，可以看出，当倾斜角度较小时，采用了分段积分求解熔池断面积，两个分段积分函数差异很小，易知 $\sqrt{R^2-[(2R+G)\sin\beta-y]^2} = \sqrt{R^2-[y-(2R+G)\sin\beta]^2}$，故可将以上两种情况熔池断面积的计算进行统一并进一步求解：

$$\begin{aligned} S &= \int_{\left(R+\frac{G}{2}\right)\sin\beta}^{H}\left((2R+G)\cos\beta - \sqrt{R^2-[y-(2R+G)\sin\beta]^2} - \sqrt{R^2-y^2}\right)\mathrm{d}y \\ &= (2R+G)\cos\beta\left[H-\left(R+\frac{G}{2}\right)\sin\beta\right] - \\ &\quad \int_{\left(R+\frac{G}{2}\right)\sin\beta}^{H}\left(\sqrt{R^2-[y-(2R+G)\sin\beta]^2} - \sqrt{R^2-y^2}\right)\mathrm{d}y \end{aligned} \tag{3.5}$$

3.2.3　熔池液位模型求解

假设铸辊沿辊面方向分布完全均匀，则综合式(3.2)及式(3.5)，可得式(3.6)：

$$Q_{\text{in}} - Q_{\text{out}} = L\frac{\mathrm{d}S}{\mathrm{d}t} \tag{3.6}$$

式中：L——铸轧辊面宽度，m。

$$\begin{aligned}\frac{\mathrm{d}S}{\mathrm{d}t} =& \frac{\mathrm{d}G}{\mathrm{d}t}\cos\beta\left[H-\left(R+\frac{G}{2}\right)\sin\beta\right]+(2R+G)\cos\beta\left(\frac{\mathrm{d}H}{\mathrm{d}t}-\frac{1}{2}\frac{\mathrm{d}G}{\mathrm{d}t}\sin\beta\right)-\\&\left\{\left(\sqrt{R^2-[H-(2R+G)\sin\beta]^2}+\sqrt{R^2-H^2}\right)\frac{\mathrm{d}H}{\mathrm{d}t}-\right.\\&\left[\sqrt{R^2-\left[\left(R+\frac{G}{2}\right)\sin\beta-(2R+G)\sin\beta\right]^2}+\sqrt{R^2-\left(R+\frac{G}{2}\right)^2\sin^2\beta}\right]\\&\left.\frac{1}{2}\frac{\mathrm{d}G}{\mathrm{d}t}\sin\beta\right\}\\=&\left\{(2R+G)\cos\beta-\sqrt{R^2-[H-(2R+G)\sin\beta]^2}-\sqrt{R^2-H^2}\right\}\frac{\mathrm{d}H}{\mathrm{d}t}+\\&\left\{H\cos\beta-(2R+G)\cos\beta\sin\beta+\right.\\&\left.\frac{1}{2}\sin\beta\left(\sqrt{R^2-\left[\left(R+\frac{G}{2}\right)\sin\beta-(2R+G)\sin\beta\right]^2}+\sqrt{R^2-\left(R+\frac{G}{2}\right)^2\sin^2\beta}\right)\right\}\\&\frac{\mathrm{d}G}{\mathrm{d}t}\\=&\left\{(2R+G)\cos\beta-\sqrt{R^2-[H-(2R+G)\sin\beta]^2}-\sqrt{R^2-H^2}\right\}\frac{\mathrm{d}H}{\mathrm{d}t}+\\&\left[H\cos\beta-(2R+G)\cos\beta\sin\beta+\sin\beta\sqrt{R^2-\left(R+\frac{G}{2}\right)^2\sin^2\beta}\right]\frac{\mathrm{d}G}{\mathrm{d}t}\end{aligned}\tag{3.7}$$

根据文献[83]可知，金属流入量 Q_{in} 是中间包塞棒高度 h_{s} 的非线性函数，即 $Q_{\mathrm{in}}=\mathrm{a}h_{\mathrm{s}}(\mathrm{b}-\mathrm{c}h_{\mathrm{s}})$，其中，$\mathrm{a}=0.2466\pi$，$\mathrm{b}=0.01585$，$\mathrm{c}=0.2165$。而金属流出量 $Q_{\mathrm{out}}=LG\omega R$，将式(3.7)带入式(3.6)可得到熔池液位的数学模型如下：

$$\frac{\mathrm{d}H}{\mathrm{d}t}=\frac{\mathrm{a}h_{\mathrm{s}}(\mathrm{b}-\mathrm{c}h_{\mathrm{s}})-LG\omega R-L\left[H\cos\beta-(2R+G)\cos\beta\sin\beta+\sin\beta\sqrt{R^2-\left(R+\frac{G}{2}\right)^2\sin^2\beta}\right]\frac{\mathrm{d}G}{\mathrm{d}t}}{L\left\{(2R+G)\cos\beta-\sqrt{R^2-[H-(2R+G)\sin\beta]^2}-\sqrt{R^2-H^2}\right\}}\tag{3.8}$$

由式(3.8)可知，塞棒高度 h_{s}，辊速 ω，辊缝 G，倾斜角度 β 4 个参数耦合在一起，均直接影响熔池液位的稳定。

当轧辊半径 $R=150\mathrm{mm}$，铸轧辊面宽度 $L=200\mathrm{mm}$，辊缝 $G=2\mathrm{mm}$，熔池液位高度初始值 $H=70\mathrm{mm}$，倾斜角度 $\beta=5°$时，熔池液位高度的变化与铸轧速度的关系如图 3.6 所示。

图 3.6 反映了熔池液位高度与铸轧速度的关系，体现了熔池液位高度在不

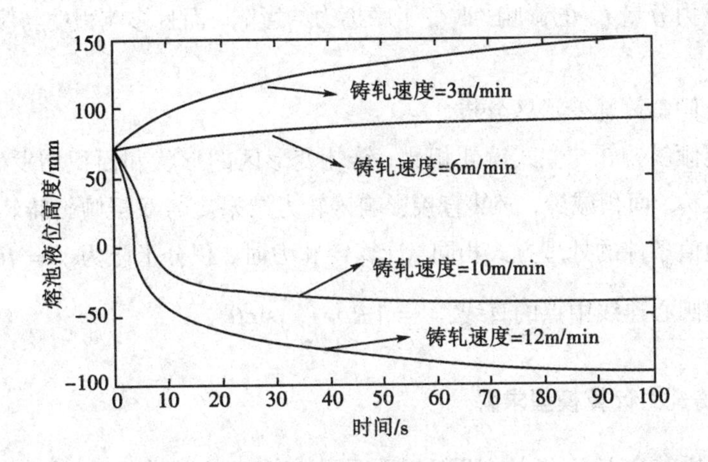

图3.6　熔池液位高度与铸轧速度的关系

Fig. 3.6　The relation between the height of molten pool and the casting speed

同铸轧速度条件下的变化趋势，关系比较复杂，是典型的非线性关系，可以考虑进行熔池液面控制时建立非线性控制模型。

当倾斜角度$\beta=0$时，式(3.8)可以简化为立式铸轧形式，即

$$\frac{\mathrm{d}H}{\mathrm{d}t}=\frac{\mathrm{a}h_s(\mathrm{b}-\mathrm{c}h_s)-LG\omega R-LH\dfrac{\mathrm{d}G}{\mathrm{d}t}}{L\left(G+2R-2\sqrt{R^2-H^2}\right)} \tag{3.9}$$

由此可见，常规等径铸轧的熔池液位模型只是熔池液位模型式(3.8)的一个特例，新建立的熔池液位模型考虑了不同倾斜角度对铸轧的影响，从而具有更广泛的适用性。

3.3　双辊倾斜铸轧铸轧力计算模型

3.3.1　双辊倾斜铸轧铸轧力特征分析

(1) 移动辊重力分析

双辊倾斜铸轧过程中，由于铸轧辊的机架的倾斜，移动辊一侧由液压系统抬高，导致移动辊重力产生沿两铸轧辊圆心连线平行方向的分量$F_1=mg\sin\beta$和与两铸轧辊圆心连线垂直方向的分量$F_2=mg\cos\beta$。铸轧力等于重力分量F_1、液压缸所产生的液压力和摩擦力的合力，双辊倾斜铸轧相对于立式铸轧，

增加了重力分量 F_1 的影响，改变了摩擦力的影响，而且影响程度与倾斜角度直接相关。

（2）倾斜铸轧变形区分析

双辊倾斜铸轧与立式铸轧相比，铸轧变形区的形状和面积均发生了变化，形状不对称、面积减少，必然直接影响铸轧力结果。与双辊倾斜铸轧熔池液位模型对边值条件的处理方式相同，计算铸轧力时，积分上限为 $y = H$，积分下限为过两圆心连线中点的直线：$y = \left(R + \dfrac{G}{2}\right)\sin\beta$。

3.3.2 铸轧力计算模型求解

从凝固结合点 K_p 开始，两辊辊面凝固坯壳相接触发生黏塑性变形，金属材料承受来自两辊的铸轧力 F，不稳定的铸轧力将导致薄板表面质量低下，造成热裂及断板现象，甚至影响薄板内部组织结构。铸轧力稳定控制是铸轧过程顺利进行的关键所在，为此必须建立铸轧力计算模型。

首先，在凝固结合点以上，金属材料处于液相区，其黏性流体剪应力远比固体的黏塑性应力小，故此区间所产生的铸轧力可视为常量 F_0。考虑双辊倾斜铸轧的复杂性，凝固结合点的位置更加难以确定，所以引入凝固点系数 δ_s，凝固结合点的高度 $H_k = H\delta_s$（H 为熔池液面高度）。假设铸轧板坯沿辊身方向宽度一致，且在侧封板的约束作用下沿辊身方向的应变为常量，则铸轧力计算可简化为平面问题考虑，铸轧变形区微分单元体受力分析图如图 3.7 所示。

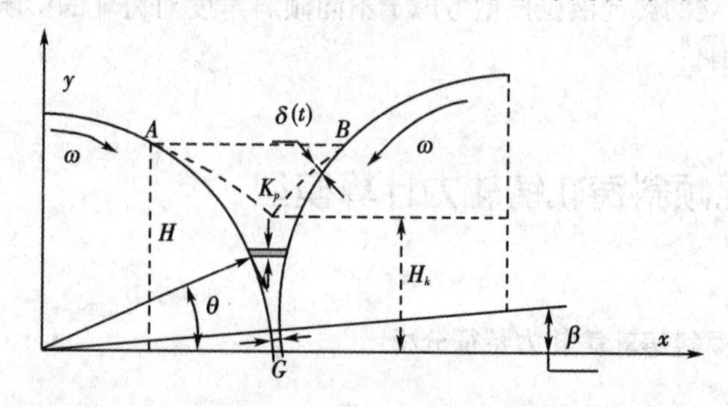

图 3.7 双辊倾斜铸轧变形区微分单元体受力分析图

Fig. 3.7 Force analysis on the differential unit in the deformation zone of the two-roll-inclined casting

在图 3.7 所示的平面上，取任意固相区的微分体（图 3.7 阴影部分），在其和铸轧辊相接触的边界上，作用着铸轧辊给凝固金属的单位压力 P_n 和单位接

触摩擦力 τ_n。考虑凝固金属与铸轧辊接触的微分弧长可近似为 $ds \approx dy/\cos\theta$（θ 是辊心和微分单元体的连线与水平轴的夹角），而铸轧力是接触面上所有力的水平分量形成的合力，故铸轧力可表示如下：

$$F = L\left(\int_{\left(R+\frac{G}{2}\right)\sin\beta}^{H_k} P_n dy + \int_{\left(R+\frac{G}{2}\right)\sin\beta}^{H_k} \tau_n \tan\theta dy\right) + F_0 \tag{3.10}$$

式中：L——铸辊面宽度；

H_k——凝固结合点的高度。

又考虑相对于 P_n，$\tau_n \tan\theta$ 很小，可忽略，则式(3.10)可简化为：

$$F = L\int_{\left(R+\frac{G}{2}\right)\sin\beta}^{H_k} P_n dy + F_0 \tag{3.11}$$

微分体与铸轧辊接触弧面上的合力垂直分量可表示为 $2(P_n \tan\theta dy - \tau_n dy)$，而微分体垂直方向的应力合力表示为 $(\sigma_y + d\sigma_y)(x + dx) - x\sigma_y$，则考虑微分体垂直方向总合力为 0，故可得下式：

$$x\sigma_y - (\sigma_y + d\sigma_y)(x + dx) - 2\left(P_n \frac{dy}{\cos\theta}\sin\theta - \tau_n \frac{dy}{\cos\theta}\cos\theta\right) = 0 \tag{3.12}$$

展开式(3.12)，忽略二阶无穷小项，且考虑 $\tan\theta = dx/dy$，则有式(3.13)：

$$\frac{d\sigma_y}{dy} + \frac{\sigma_y - 2P_n}{x} \cdot \frac{dx}{dy} + 2\frac{\tau_n}{x} = 0 \tag{3.13}$$

同理，微分体水平方向的总合力 $P_n dy - \tau_n \tan\theta dy - \sigma_x dy$ 也应为 0，忽略较小项 $\tau_n \tan\theta dy$，则可得式(3.14)：

$$\sigma_x = P_n \tag{3.14}$$

基于 Mises 屈服准则，微分体水平及垂直方向应力有如下关系：

$$\begin{cases} \sigma_x - \sigma_y = \beta_\sigma \sigma_s \\ \beta_\sigma = \dfrac{2}{\sqrt{3 + \mu_\sigma^2}} \\ \mu_\sigma = \dfrac{\sigma_z - (\sigma_x + \sigma_y)/2}{(\sigma_x - \sigma_y)/2} \end{cases} \tag{3.15}$$

式中：β_σ——中间主应力影响系数；

μ_σ——罗德应力参数；

σ_s——金属沿某一确定方向压缩或延展的屈服应力，对同一金属，该参数为常量，故对式(3.15)两侧取微分，可得 $d\sigma_x = d\sigma_y$。

考虑铸轧工艺特点，金属材料的变形区主要集中在双辊出口处，故可有

$\mathrm{d}x \approx 0$，$x \approx G$。假设铸轧材料的变形满足最大摩擦力准则，即 $\tau_n = \frac{K}{2}$，则式(3.13)可简化为：

$$\frac{\mathrm{d}P_n}{\mathrm{d}y} = -\frac{K}{G} \tag{3.16}$$

式中：K——铸轧金属材料的屈服系数，其在指定温度下可视为常数。

对式(3.16)在区间[y , H_k]上做线性化处理，可得：

$$P_n = \frac{K}{G}(H_k - y) \tag{3.17}$$

将式(3.17)代入式(3.11)中，则可得铸轧力计算模型如下：

$$F = \frac{LK}{2G}\left[H_k - \left(R + \frac{G}{2}\right)\sin\beta\right]^2 + F_0 \tag{3.18}$$

由式(3.18)可知，要在铸轧过程中保持稳定的铸轧力，则辊缝、凝固结合点位置、倾斜角度需要相应保持稳定。新建立的等径双辊倾斜铸轧的铸轧力计算模型(式3.18)引入了补偿项，考虑了倾斜角度对铸轧力的影响。

3.4 本章小结

本章在深入分析等径双辊倾斜铸轧过程规律的基础上，建立了双辊倾斜铸轧熔池液位模型和铸轧力计算模型，依据数学模型，得到了倾斜角度对熔池液位高度和铸轧力的影响关系，为下一步进行双辊倾斜铸轧熔池内部流热耦合模拟奠定了基础。

第 4 章　双辊倾斜铸轧过程数值模拟研究

4.1　引言

双辊倾斜铸轧过程是高温液态金属从液相向固相转变的过程，凝固过程中温度的变化直接影响晶粒的形核与生长过程，可见获取温度变化是双辊倾斜铸轧过程数值模拟的首要问题。而在双辊倾斜铸轧过程中，熔池不对称，而且熔池内还存在着强烈的对流，对凝固组织的形成也有显著的影响。因此，本章采用有限元法对熔池内部进行流热耦合模拟，建立不对称性分析模型，综合分析各种铸轧条件下所需要的工艺参数，得到双辊倾斜铸轧过程中金属成形规律，为调整控制策略提供依据。

4.2　双辊倾斜铸轧工艺过程

双辊倾斜铸轧过程是一个非常复杂的变化过程，金属熔液在快速凝固的同时发生塑性变形，在极短的时间内加工成具有一定厚度的薄板带材。如图 4.1 所示，左侧铸轧辊为固定辊，右侧铸轧辊的轴线与固定辊轴线在竖直方向上成一定的角度 β 。两个水冷铸轧辊相向转动，金属通过中间包接触式水口填充成为一定高度的熔池。

液态金属和铸轧辊接触的部分温度急速下降至固相线，在铸辊表面形成一个凝固坯壳，凝固壳与中间包裹的半固态熔液在轧辊的带动下向辊缝咬入，其随着凝固时间的增加而逐渐加厚，形成凝固区。从全凝固终点直到双辊出口，金属将主要承受轧制加工，最终形成厚度一致、表面质量较好的薄板输出。

计算机模拟依托实验研究，结合辽宁科技大学镁合金铸轧中心自主研制的立式双辊倾斜铸轧机，计算材料为 AZ31 商用镁合金，双辊倾斜铸轧模拟条件

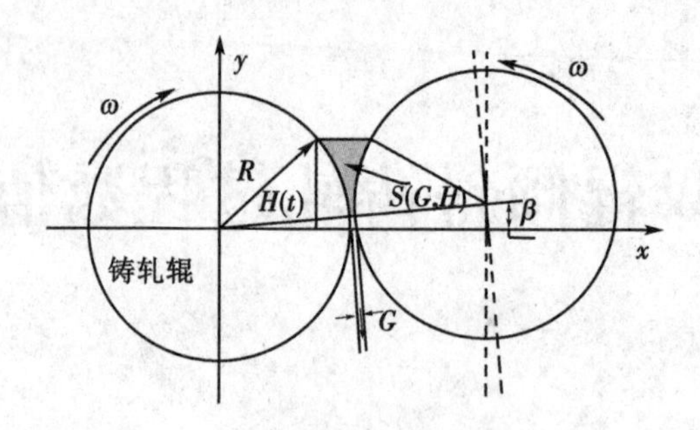

图 4.1 双辊倾斜铸轧熔池构成示意图

Fig. 4.1 Schematic view of the melting pool twin-roll inclined casting

如表 4.1 所示。

表 4.1 双辊倾斜铸轧模拟条件

Tab. 4.1 Simulation conditions of twin-roll strip inclined casting process

模拟参数	符号	数值
铸轧辊半径/m	R	0.15
铸轧辊面宽/m	L	0.2
铸轧线速度/($m \cdot s^{-1}$)	V_c	8/60, 10/60, 12/60
入口速度/($m \cdot s^{-1}$)	V_{in}	8/60, 10/60, 12/60
出口速度/($m \cdot s^{-1}$)	V_{out}	8/60, 10/60, 12/60
入口水口狭缝厚度/mm	H_{in}	2
出口厚度/mm	H_{out}	2
熔池液位高度/mm	H_{pool}	70, 80, 90
倾斜角度/(°)	β	5, 10, 15
浇注温度/K	T_p	973
液相线温度/K	T_m	903
固相线温度/K	T_s	848
密度/($kg \cdot m^{-3}$)	ρ	1630

4.3 双辊倾斜铸轧流热耦合模型的基本假设与控制方程

4.3.1 模型的基本假设

双辊倾斜铸轧过程中，熔池内同时存在液相区、固相区和固液两相区，而且固相凝固壳与轧辊同步转动，且伴有流动、传热和相变过程，影响因素多，过程复杂，因此很难对该过程中金属熔液的流动和传热问题进行精确计算和模拟，需要进行适当简化和合理假设，本专著进行如下假设：

① 采用广义流体的概念统一处理液相区、固相区和固液两相区，这样不必处理复杂的固液界面，既简化了模型，也比较符合实际；

② 不考虑初始和结束时的过渡期，考虑倾斜铸轧过程为稳态，且熔池液位保持稳定；

③ 熔液视为不可压缩的牛顿流体；

④ 比热和黏度与温度有关，其他材料特性与温度无关；

⑤ 轧辊与凝固壳之间无相对滑动且接触良好；

⑥ 轧辊为刚性体且转速均匀；

⑦ 侧封板为绝热体；

⑧ 水口位置选定熔池液面中心且竖直；

⑨ 出口板材方向与两轧辊中心连线垂直；

⑩ 出口速度与轧辊切速度相同。

4.3.2 控制方程

（1）连续性方程

$$\frac{\partial(u_x)}{\partial x}+\frac{\partial(u_y)}{\partial y}+\frac{\partial(u_z)}{\partial z}=0 \tag{4.1}$$

式中：u_x，u_y，u_z 分别为 x，y，z 三个方向上的速度分量。

（2）动量守恒方程

描述稳态三维湍流流动的 Navier-Stokes 方程是一个动量平衡方程，其表达式如下：

$$\begin{aligned}&\frac{\partial\rho u_x}{\partial t}+\frac{\partial(\rho u_x u_x)}{\partial x}+\frac{\partial(\rho u_x u_y)}{\partial y}+\frac{\partial(\rho u_x u_z)}{\partial z}\\&=\rho g_x-\frac{\partial P}{\partial x}+\frac{\partial}{\partial x}\left(\mu_{\mathrm{eff}}\frac{\partial u_x}{\partial x}\right)+\frac{\partial}{\partial y}\left(\mu_{\mathrm{eff}}\frac{\partial u_x}{\partial y}\right)+\frac{\partial}{\partial z}\left(\mu_{\mathrm{eff}}\frac{\partial u_x}{\partial z}\right)+T_x\end{aligned} \tag{4.2}$$

$$\begin{aligned}&\frac{\partial\rho u_y}{\partial t}+\frac{\partial(\rho u_y u_x)}{\partial x}+\frac{\partial(\rho u_y u_y)}{\partial y}+\frac{\partial(\rho u_y u_z)}{\partial z}\\&=\rho g_y-\frac{\partial P}{\partial y}+\frac{\partial}{\partial x}\left(\mu_{\mathrm{eff}}\frac{\partial u_y}{\partial x}\right)+\frac{\partial}{\partial y}\left(\mu_{\mathrm{eff}}\frac{\partial u_y}{\partial y}\right)+\frac{\partial}{\partial z}\left(\mu_{\mathrm{eff}}\frac{\partial u_y}{\partial z}\right)+T_y\end{aligned} \tag{4.3}$$

$$\frac{\partial \rho u_z}{\partial t}+\frac{\partial(\rho u_z u_x)}{\partial x}+\frac{\partial(\rho u_z u_y)}{\partial y}+\frac{\partial(\rho u_z u_z)}{\partial z}$$
$$=\rho g_z-\frac{\partial P}{\partial z}+\frac{\partial}{\partial x}\left(\mu_{\mathrm{eff}}\frac{\partial u_z}{\partial x}\right)+\frac{\partial}{\partial y}\left(\mu_{\mathrm{eff}}\frac{\partial u_z}{\partial y}\right)+\frac{\partial}{\partial z}\left(\mu_{\mathrm{eff}}\frac{\partial u_z}{\partial z}\right)+T_z \tag{4.4}$$

式中：μ_{eff}——有效黏度系数；

T_x，T_y，T_z——黏滞损失项，其表达式分别为：

$$T_x=\frac{\partial}{\partial x}\left(\mu\frac{\partial u_x}{\partial x}\right)+\frac{\partial}{\partial y}\left(\mu\frac{\partial u_x}{\partial y}\right)+\frac{\partial}{\partial z}\left(\mu\frac{\partial u_x}{\partial z}\right) \tag{4.5}$$

$$T_y=\frac{\partial}{\partial x}\left(\mu\frac{\partial u_y}{\partial x}\right)+\frac{\partial}{\partial y}\left(\mu\frac{\partial u_y}{\partial y}\right)+\frac{\partial}{\partial z}\left(\mu\frac{\partial u_y}{\partial z}\right) \tag{4.6}$$

$$T_z=\frac{\partial}{\partial x}\left(\mu\frac{\partial u_z}{\partial x}\right)+\frac{\partial}{\partial y}\left(\mu\frac{\partial u_z}{\partial y}\right)+\frac{\partial}{\partial z}\left(\mu\frac{\partial u_z}{\partial z}\right) \tag{4.7}$$

（3）能量方程

铸轧熔池内部的能量守恒方程的表达式为：

$$\frac{\partial}{\partial t}(\rho c_p T)=-\frac{\partial}{\partial x}(\rho u_x c_p T)-\frac{\partial}{\partial y}(\rho u_y c_p T)-\frac{\partial}{\partial z}(\rho u_z c_p T)+$$
$$\frac{\partial}{\partial x}\left(K_{\mathrm{eff}}\frac{\partial T}{\partial x}\right)+\frac{\partial}{\partial y}\left(K_{\mathrm{eff}}\frac{\partial T}{\partial y}\right)+\frac{\partial}{\partial z}\left(K_{\mathrm{eff}}\frac{\partial T}{\partial z}\right)+Q_v \tag{4.8}$$

式中：K_{eff}为有效导热系数，可以表示为：

$$K_{\mathrm{eff}}=K_0+K_t \tag{4.9}$$
$$K_t=c_p\mu_t/\mathrm{Pr} \tag{4.10}$$

式中：K_0——分子导热系数；

K_{t}——湍流导热系数；

c_p——比定压热容，J/(kg · K)；

Pr——湍流 Prandtl 数。

（4）湍流模型

采用 Launder 和 Spalding 提出的 $k-\varepsilon$ 双方程模型，湍动能的控制传输方程 k 和它的耗散速率描述如下：

湍动能方程：

$$\frac{\partial(\rho u_x k)}{\partial x}+\frac{\partial(\rho u_y k)}{\partial y}+\frac{\partial(\rho u_z k)}{\partial z}$$
$$=\frac{\partial}{\partial x}\left(\frac{\mu_t}{\sigma_k}\cdot\frac{\partial k}{\partial x}\right)+\frac{\partial}{\partial y}\left(\frac{\mu_t}{\sigma_k}\cdot\frac{\partial k}{\partial y}\right)+\frac{\partial}{\partial z}\left(\frac{\mu_t}{\sigma_k}\cdot\frac{\partial k}{\partial z}\right)+\mu_t\phi-\rho\varepsilon \tag{4.11}$$

湍动能耗散率方程：

$$\frac{\partial(\rho u_x \varepsilon)}{\partial x} + \frac{\partial(\rho u_y \varepsilon)}{\partial y} + \frac{\partial(\rho u_z \varepsilon)}{\partial z}$$
$$= \frac{\partial}{\partial x}\left(\frac{\mu_t}{\sigma_\varepsilon} \cdot \frac{\partial \varepsilon}{\partial x}\right) + \frac{\partial}{\partial y}\left(\frac{\mu_t}{\sigma_\varepsilon} \cdot \frac{\partial \varepsilon}{\partial y}\right) + \frac{\partial}{\partial z}\left(\frac{\mu_t}{\sigma_\varepsilon} \cdot \frac{\partial \varepsilon}{\partial z}\right) + c_1 \mu_t \frac{\varepsilon}{k}\phi - c_2 \rho \frac{\varepsilon}{k}\varepsilon \tag{4.12}$$

式(4.11)和式(4.12)中 ϕ 的表达式如下：

$$\phi = 2\left(\frac{\partial u_x}{\partial x}\right)^2 + 2\left(\frac{\partial u_y}{\partial y}\right)^2 + 2\left(\frac{\partial u_z}{\partial z}\right)^2 + \left(\frac{\partial u_x}{\partial y} + \frac{\partial u_y}{\partial x}\right)^2 + \left(\frac{\partial u_x}{\partial z} + \frac{\partial u_z}{\partial x}\right)^2 + \left(\frac{\partial u_z}{\partial y} + \frac{\partial u_y}{\partial z}\right)^2 \tag{4.13}$$

4.4 模拟过程中几个重要问题的处理

4.4.1 固相率与温度关系模型

合金的固相率与温度的关系可以由合金状态图来确定，假设在固液两相区内的固相率与温度之间呈线性关系，对应关系如下：

$$\xi(T) = \begin{cases} 0, & T \geqslant T_1; \\ \dfrac{T_1 - T}{T_1 - T_s}, & T_s < T < T_1; \\ 1, & T \leqslant T_s \end{cases} \tag{4.14}$$

式中：T_s——固相线温度，℃；

T_1——液相线温度，℃；

$\xi(T)$——固相率。

4.4.2 凝固潜热的处理

凝固潜热是指金属由液态凝固成固态时，其内能的变化，通常用 L_h 表示。本专著在数值计算中采用等效比热法处理，凝固潜热的存在使得相变过程体现强烈的非线性。而等效比热容即凝固潜热随温度的变化率通常用 C_{eq} 表示，表达式为：$C_{eq} = -L_h \dfrac{df_s}{dT}$，则修正后的比热容 c_r 为：

$$c_r = -L_h \frac{\mathrm{d}f_s}{\mathrm{d}T} + f_s c_s + f_l c_l$$

式中：c_s——固态金属的比热容，J/(kg·K)；

c_l——液态金属的比热容，J/(kg·K)。

假设金属在固－液两相区内潜热随着温度成线性关系，则修正后的比热容在两相区内可以表示为：$c_r = c_l + \frac{L_h}{T_l - T_s}$。

则铸轧区内金属的比热容可修正为如下形式：

$$c_r = \begin{cases} c_l, & T \geqslant T_l; \\ c_l + \frac{L_h}{T_l - T_s}, & T_s < T < T_l; \\ c_s, & T \leqslant T_s \end{cases} \tag{4.15}$$

4.4.3 有效黏度的处理

本专著把熔池内的液态、固－液共存态和固态金属视为广义流体，黏度计算公式如下：

$$\mu = \begin{cases} \mu_m = 1 - \frac{2c_l(T - T_l)}{RT}, & f_l = 1; \\ \mu_m f_l^{\frac{\lg M_i,}{\lg 0.33}}, & 0.33 \leqslant f_l < 1; \\ M_s \mu_m f_l^{\frac{\lg(M_l + M_s),}{\lg 0.67}}, & 0 < f_l \leqslant 0.33; \\ M_s, & f_l = 0 \end{cases} \tag{4.16}$$

式中：μ_m——金属温度在熔点时的液相黏度，Pa·s；

c_l——液相金属的比热容，J/(mol·K)；

R——气体常数，$R = 8.314$；

M_i——糊状区的液相率为0.33时，黏度与μ_m的比值，通常在20～100范围内；

M_s——固态金属的等效黏度，由于在双辊倾斜铸轧过程中，铸轧区金属的温度很高，容易发生流变，M_s的取值一般在10^3～10^8Pa·s。

4.4.4 计算区域与网格划分

在双辊倾斜铸轧过程中，熔池的几何形状和边界条件具有不对称性，所以采用整个熔池的剖面作为二维模拟区域。利用商业有限元软件ANSYS进行建模和模拟计算，采用平面四边形单元，网格划分共3095个节点，2672个单元，如图4.2所示表明了网格划分的质量。

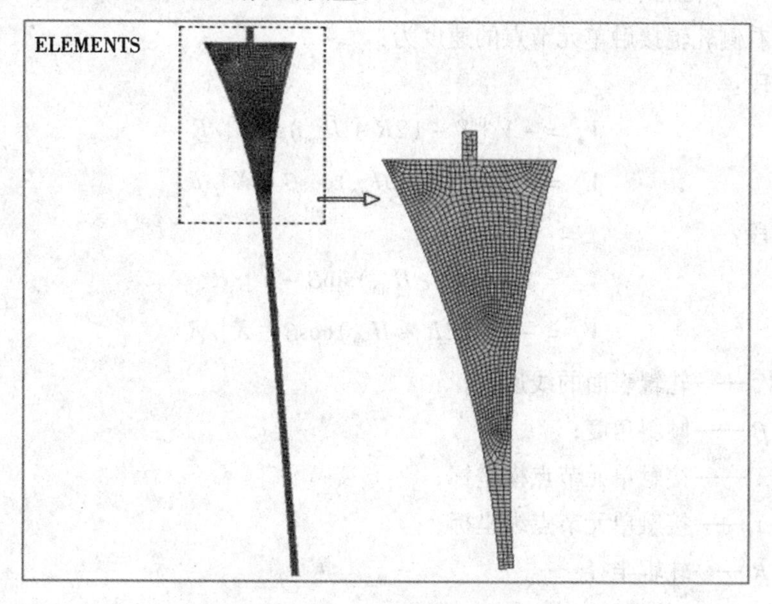

图4.2　计算区域的网格划分

Fig. 4.2　Mesh of the computing region

4.4.5　边界条件的处理

对于本专著的边界区域，包括入口区域、熔池表面、熔池与轧辊接触表面和薄板表面。其边界条件如下：

(1) 入口区域

在入口处，给定速度边界，同时施加温度载荷。

(2) 熔池表面

忽略熔池表面的波动，熔池液面法向的速度为0，受到保护气的压力载荷为辐射载荷。

(3) 熔池与轧辊的接触表面

在熔池与轧辊的接触表面施加速度载荷和换热边界条件。根据假设条件，熔池与轧辊接触表面的速度分为线速度分量 V_x 和 V_y 。

与左侧轧辊接触单元节点的速度在水平方向上的速度分量 V_x 和竖直方向上的速度分量 V_y 分别为：

$$
\begin{aligned}
V_x &= V_c Y/R \\
V_y &= -V_c X/R
\end{aligned}
\tag{4.17}
$$

式中：V_c——轧辊表面的线速度；

R——轧辊半径。

与右侧轧辊接触单元节点的速度为：

上段：

$$\begin{aligned} V_x &= -V_c[Y-(2R+H_{out})\sin\beta]/R \\ V_y &= -V_c[(2R+H_{out})\cos\beta - X]/R \end{aligned} \tag{4.18}$$

下段：

$$\begin{aligned} V_x &= V_c[(2R+H_{out})\sin\beta - Y]/R \\ V_y &= -V_c[(2R+H_{out})\cos\beta - X]/R \end{aligned} \tag{4.19}$$

式中：V_c——轧辊表面的线速度；

β——倾斜角度；

X——接触单元节点横坐标；

Y——接触单元节点纵坐标；

R——轧辊半径；

H_{out}——出口厚度。

(4) 薄板表面

薄板表面与空气接触，加载辐射载荷。

4.5 工艺参数对熔池内流场和温度场的影响

双辊倾斜铸轧熔池的不对称性，使得凝固前沿位置的判断更为复杂，本节主要针对倾斜角度、熔池液位高度和铸轧速度这三个因素展开研究。铸轧速度为8m/min时铸轧区金属流动情况如图4.3所示。在熔池上方的左右两侧形成低速的对称的涡流，接触轧辊的流速方向沿线速度方向变化，熔池芯部的流动最为缓慢。相区分布如图4.4所示。

4.5.1 倾斜角度对熔池内流场和温度场的影响

当液面高度控制在70mm，铸轧速度分别为8，10，12m/min，倾斜角度为0°，10°条件下熔池内的温度场如图4.5所示。图4.5(a)、4.5(b)和4.5(c)表示立式铸轧时铸轧速度增加的温度场结果，此时固－液相线在熔池左右两侧对称，随着铸轧速度的增加，固－液相界限向下移动，金属凝固位置移动到轧辊

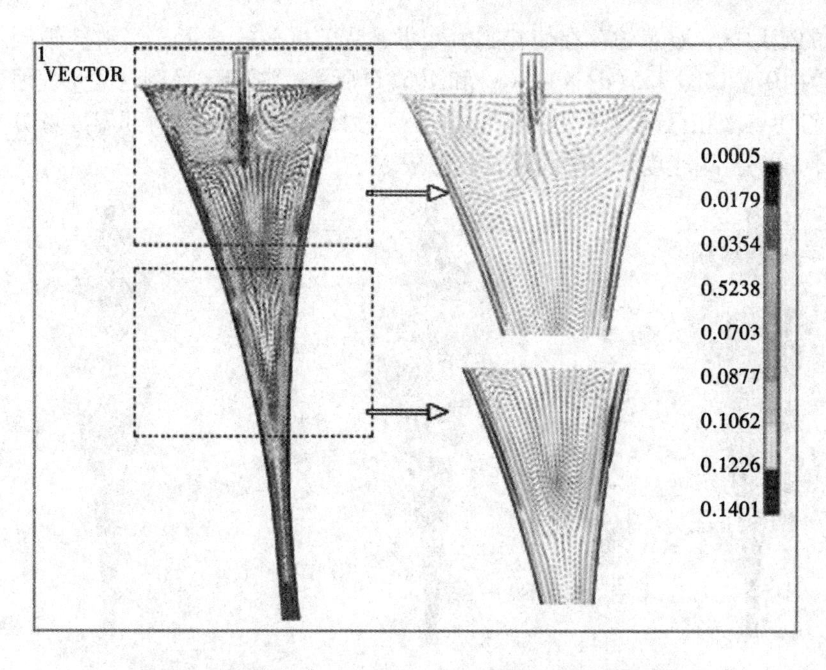

图 4.3　铸轧速度 $V_c=8m/min$ 时铸轧区金属流动情况

Fig. 4.3　Flow field with $V_c=8m/min$

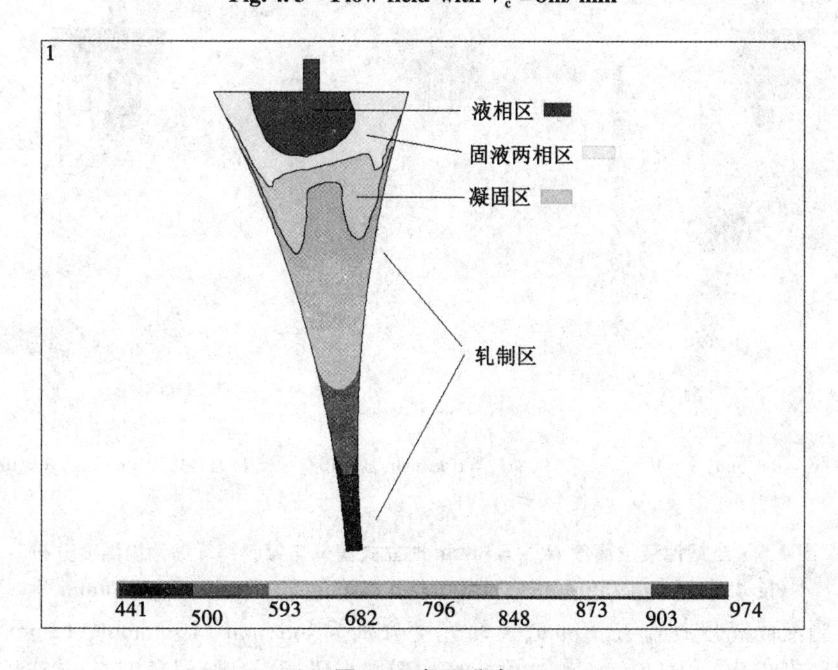

图 4.4　相区分布

Fig. 4.4　Phase position

作用的变形区，液芯的存在使轧制力变小，易于板材的成形。当铸轧辊倾斜角度变为10°，如图4.5(d)、4.5(e)和4.5(f)所示，液相区呈倒三角形，因为轧辊倾斜使得液相区位置不变，但是固相区因为偏移造成熔池内部温度场分布不均匀，右侧温降速度快，凝固壳首先形成。

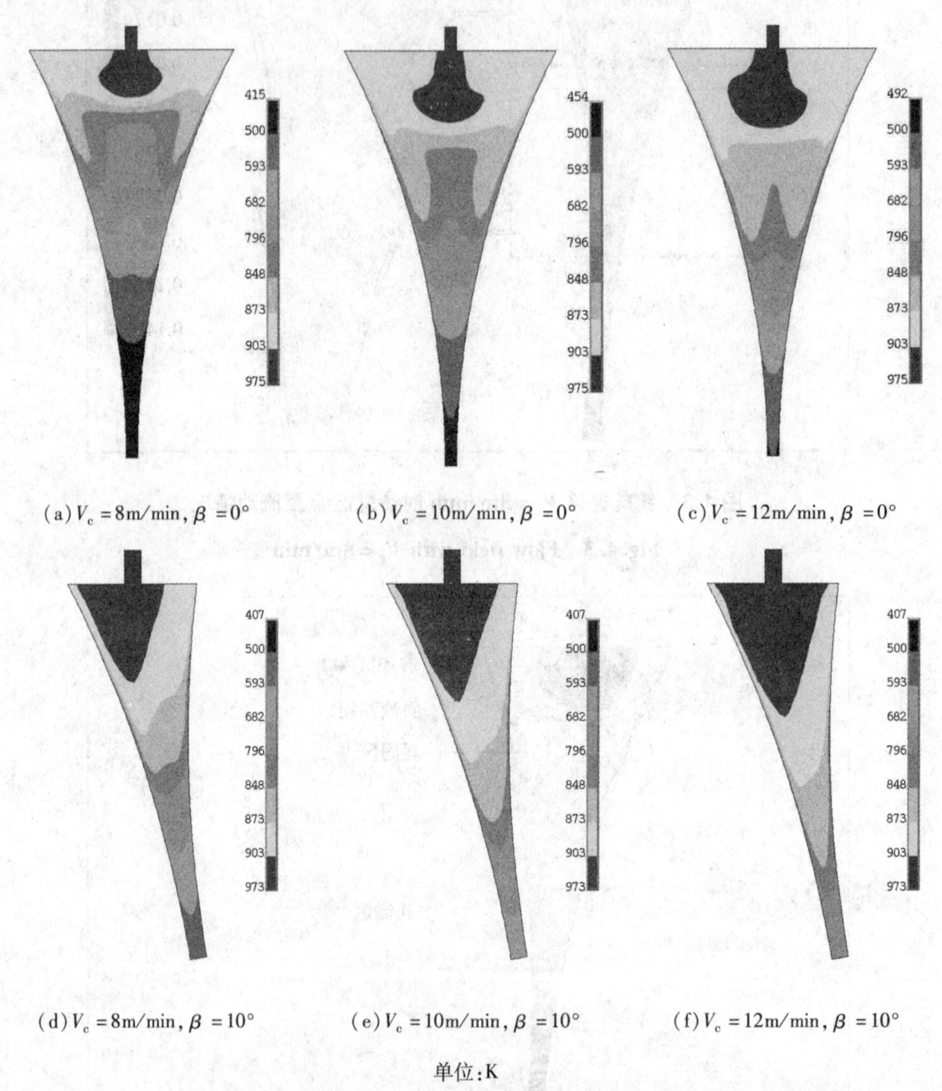

(a) $V_c = 8$m/min, $\beta = 0°$　(b) $V_c = 10$m/min, $\beta = 0°$　(c) $V_c = 12$m/min, $\beta = 0°$

(d) $V_c = 8$m/min, $\beta = 10°$　(e) $V_c = 10$m/min, $\beta = 10°$　(f) $V_c = 12$m/min, $\beta = 10°$

单位:K

图4.5　当熔池液位高度 H_{pool} =70mm 时立式铸轧与倾斜铸轧熔池内温度分布

Fig. 4.5　Temperature field at different casting speed with H_{pool} =70mm

当液面高度控制在70mm，铸轧速度分别为8m/min、10m/min、12m/min，倾斜角度为0°、10°条件下熔池内流场如图4.6所示。当倾斜角度β =0°时，在熔池上方的两侧分别形成对称的旋涡，在浇注口正下方的熔池中心不存在低速流动的死区。这个位置对应温度场结果中固相线所在位置。半固态金属在轧辊的带动下进入轧制区，紧贴轧辊避免金属黏着轧辊向下移动，凝固壳生成内部的流动沿着两辊咬入轧辊，在轧制区熔池内部的金属没有明显的流速，已经从湍流变为层流。当倾斜角度$\beta=10°$时，左右两侧不再有对称的旋涡，左侧流体速度沿着铸轧方向，右侧熔液在熔池区形成一个深度较长的旋涡，熔池上方金属被带入轧制区后，对比紧贴轧辊的高速流动的凝固区，芯部熔液反向流动回熔池上方。这样大范围的旋涡使右侧区域热散失速度更快，凝固壳厚度增加。倾斜角度的存在使流场分布情况发生明显的偏移，固定辊侧的液体流动速度更接近辊面的线速度，在辊的带动下向咬入区进行，从模拟流场的结果中同样可以看出，倾斜角度是影响熔池区涡流分布的重要因素。

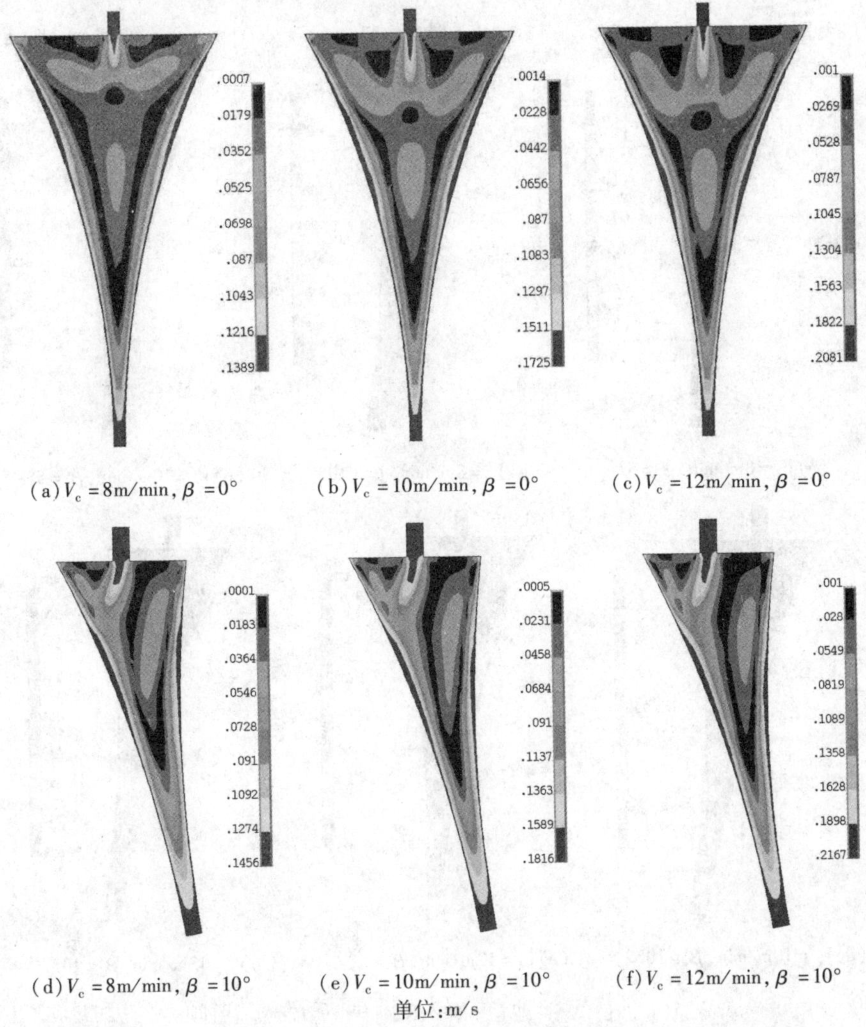

(a) $V_c=8$m/min, $\beta=0°$　(b) $V_c=10$m/min, $\beta=0°$　(c) $V_c=12$m/min, $\beta=0°$

(d) $V_c=8$m/min, $\beta=10°$　(e) $V_c=10$m/min, $\beta=10°$　(f) $V_c=12$m/min, $\beta=10°$

单位：m/s

图 4.6　当熔池液位高度 $H_{pool}=70$mm 时立式铸轧与倾斜铸轧熔池内流场

Fig. 4.6　Flow field at different casting speed with $H_{pool}=70$mm

倾斜角度对于薄板双辊倾斜铸轧工艺来说，是一个非常重要的参数，它的变化不仅明显影响熔池内的温度分布，对于熔池内部的速度分布也有重要的影响。为了研究不同的倾斜角度对熔池内部流场和温度场的影响，采用如下模拟条件：浇注温度为973K，液面高度分别控制在70mm、80mm、90mm，铸轧速度分别为8m/min、10m/min、12m/min，倾斜角度分别为5°、10°、15°。

当熔池液位高度 $H_{pool}=70mm$ 时不同倾斜角度条件下熔池内的温度场如图4.7所示。当倾斜角度增加时，液相区向左侧偏移。凝固前沿不再有因中心区域温度低造成的凝固凸台，凝固前沿呈V形，趋向于熔池的几何形状，使得在轧制区的金属辊壁两侧变形均匀，避免夹芯的出现。

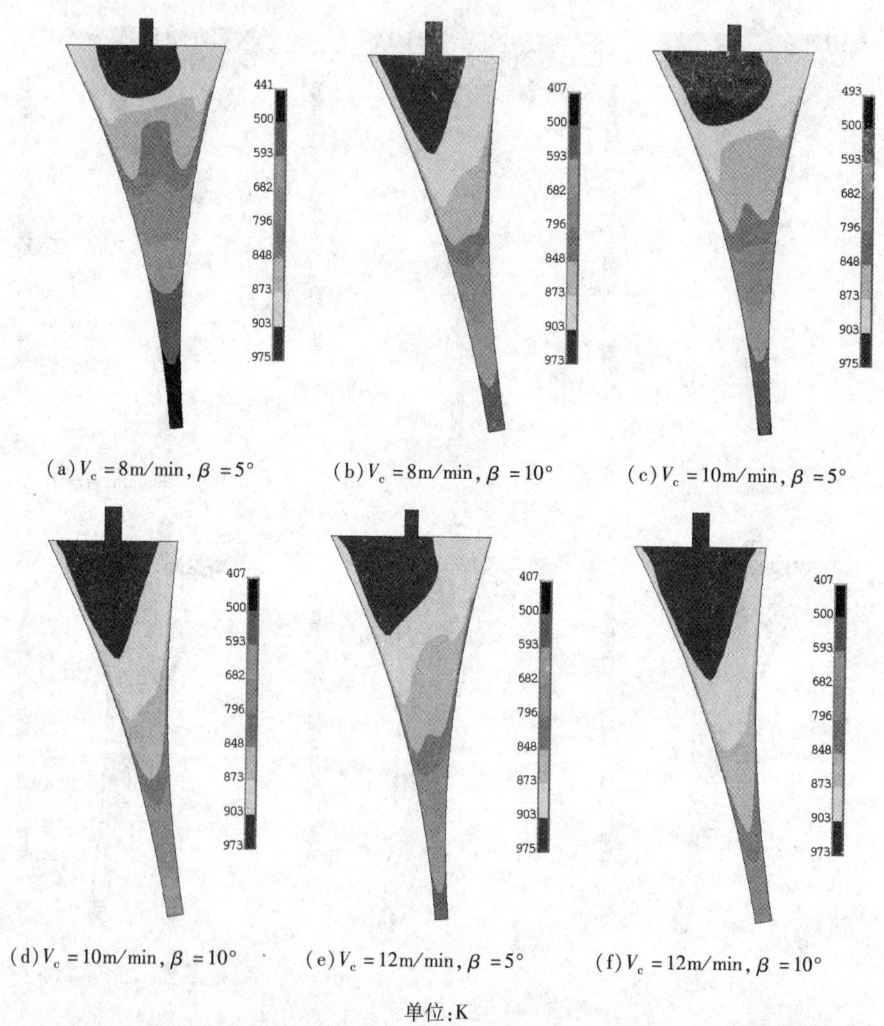

图4.7 当熔池液位高度 $H_{pool}=70mm$ 时不同倾斜角度条件下熔池内温度分布

Fig. 4.7 Temperature field at different angle of inclination with $H_{pool}=70mm$

当熔池液位高度 $H_{pool}=80mm$ 时，铸轧速度分别为 8m/min、10m/min、12m/min，倾斜角度分别为 5°、10°、15°条件下熔池内的温度场如图 4.8 所示。增加熔池液位高度，得到的温度场结果与低熔池液面结果的规律相一致，原本位于熔池中间的液相区相对向左侧移动，凝固时的凸角芯部消失，凝固线轮廓与熔池相近，轧制时板材左右散热均匀。

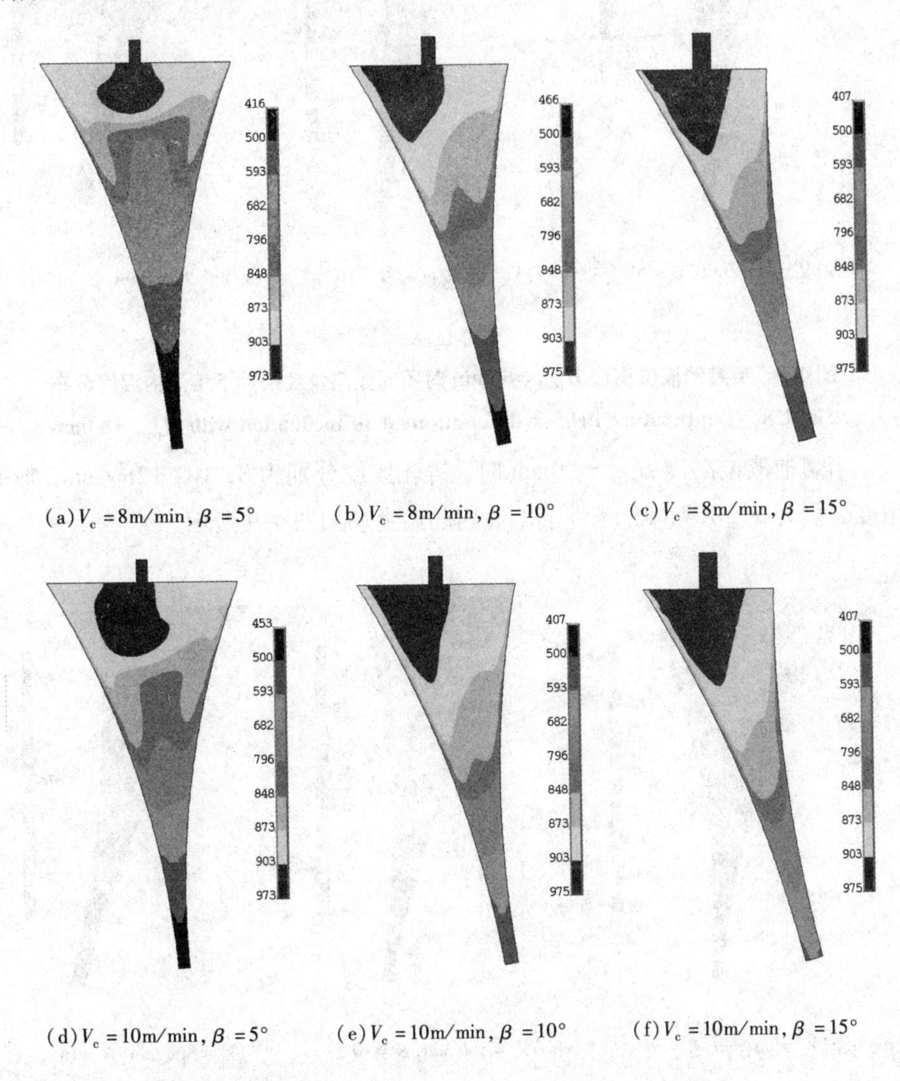

(a) $V_c=8m/min$, $\beta=5°$　(b) $V_c=8m/min$, $\beta=10°$　(c) $V_c=8m/min$, $\beta=15°$

(d) $V_c=10m/min$, $\beta=5°$　(e) $V_c=10m/min$, $\beta=10°$　(f) $V_c=10m/min$, $\beta=15°$

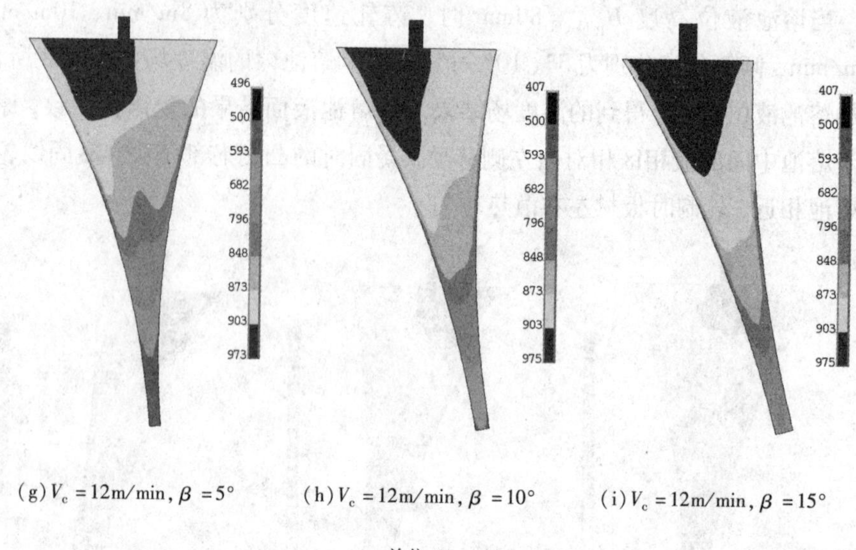

(g) V_c = 12m/min, β = 5°　(h) V_c = 12m/min, β = 10°　(i) V_c = 12m/min, β = 15°

单位:K

图 4.8　当熔池液位高度 H_{pool} = 80mm 时不同倾斜角度条件下熔池内温度分布

Fig. 4.8　Temperature field at different angle of inclination with H_{pool} = 80mm

当熔池液位高度 H_{pool} = 90mm 时，铸轧速度分别为 8，10，12m/min，倾斜角度分别为 5°，10°，15°条件下熔池内的温度场如图 4.9 所示。

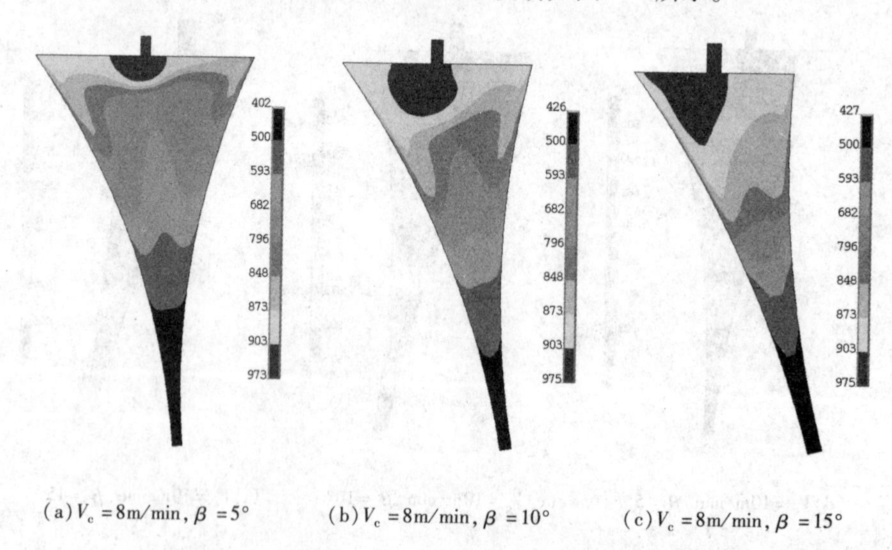

(a) V_c = 8m/min, β = 5°　(b) V_c = 8m/min, β = 10°　(c) V_c = 8m/min, β = 15°

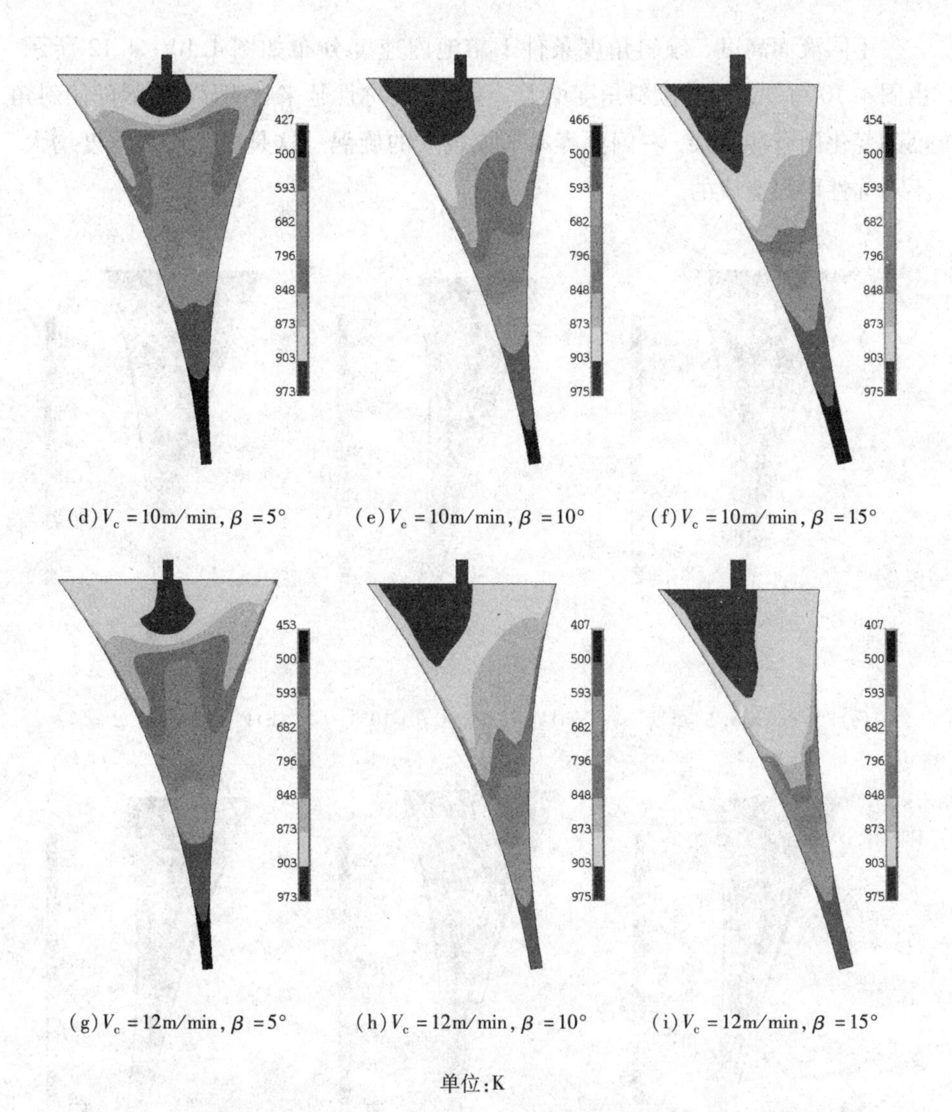

(d) $V_c = 10\text{m/min}, \beta = 5°$　(e) $V_c = 10\text{m/min}, \beta = 10°$　(f) $V_c = 10\text{m/min}, \beta = 15°$

(g) $V_c = 12\text{m/min}, \beta = 5°$　(h) $V_c = 12\text{m/min}, \beta = 10°$　(i) $V_c = 12\text{m/min}, \beta = 15°$

单位:K

图4.9　当熔池液位高度 $H_{pool} = 90\text{mm}$ 时不同倾斜角度条件下熔池内温度分布

Fig. 4.9　Temperature field at different angle of inclination with $H_{pool} = 90\text{mm}$

由图4.9可知，在其他工艺参数不变的条件下，随着倾斜角度的增加，凝固结合点向熔池出口方向移动。可见，当水口位置在液面中间时，倾斜角度对熔池内温度分布影响非常显著。这是因为随着倾斜角度的增加，改变了熔池内熔液流动，抵消掉了不对称性带来的温度分布不规则。倾斜后，导致左侧熔液温度高。在液面高度为70mm的情况下，倾斜角度为5°和10°时，凝固结合点位置比较理想；在液面高度为80mm情况下，倾斜角度为15°时，凝固结合点位置比较理想。

不同液面高度、倾斜角度条件下熔池内速度分布如图 4.10 ~4.12 所示。由图 4.10 可知，随着倾斜角度增大，流场不对称性越来越明显，旋涡随倾斜角度的变化则有些复杂，右侧更容易形成较大的旋涡。这是由于倾斜角度增大、不对称性增强造成的。

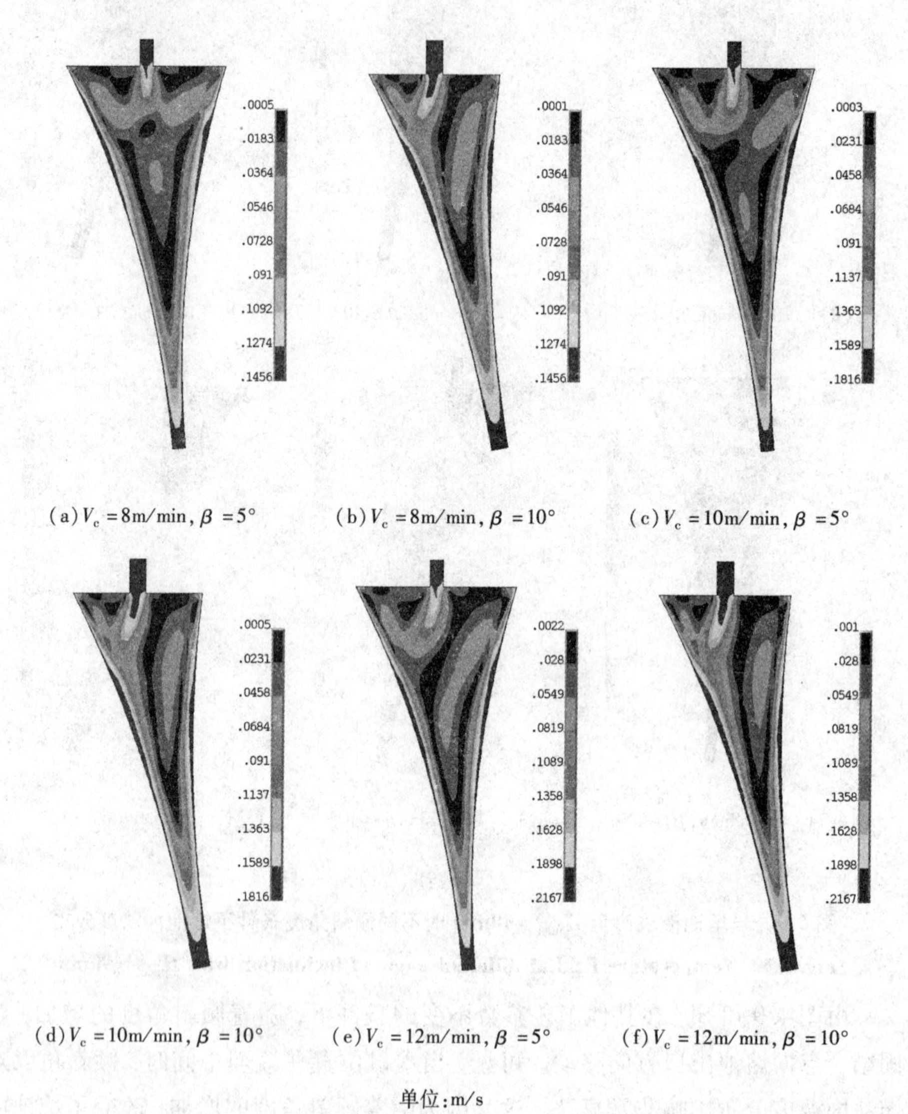

(a) $V_c = 8\text{m/min}, \beta = 5°$　(b) $V_c = 8\text{m/min}, \beta = 10°$　(c) $V_c = 10\text{m/min}, \beta = 5°$

(d) $V_c = 10\text{m/min}, \beta = 10°$　(e) $V_c = 12\text{m/min}, \beta = 5°$　(f) $V_c = 12\text{m/min}, \beta = 10°$

单位:m/s

图 4.10　当熔池液位高度 H_{pool} =70mm 时不同倾斜角度条件下熔池内流场

Fig. 4.10　Flow field at different angle of inclination with H_{pool} =70mm

图 4.11 为液位高度 $H_{pool}=80\mathrm{mm}$ 时不同浇铸速度下，倾斜角度对熔池内流场分布的模拟结果。从图中可以看出，随着倾斜角度增大，右侧旋涡范围随着熔池内部形状发生改变，此时倾斜角度只改变了旋涡的形状，并没有改变其位置及不对称性。在流场的激烈程度上分析，相同铸轧速度下，流动速率相差不大，因此倾斜角度仅对流场生成的旋涡形状造成影响。

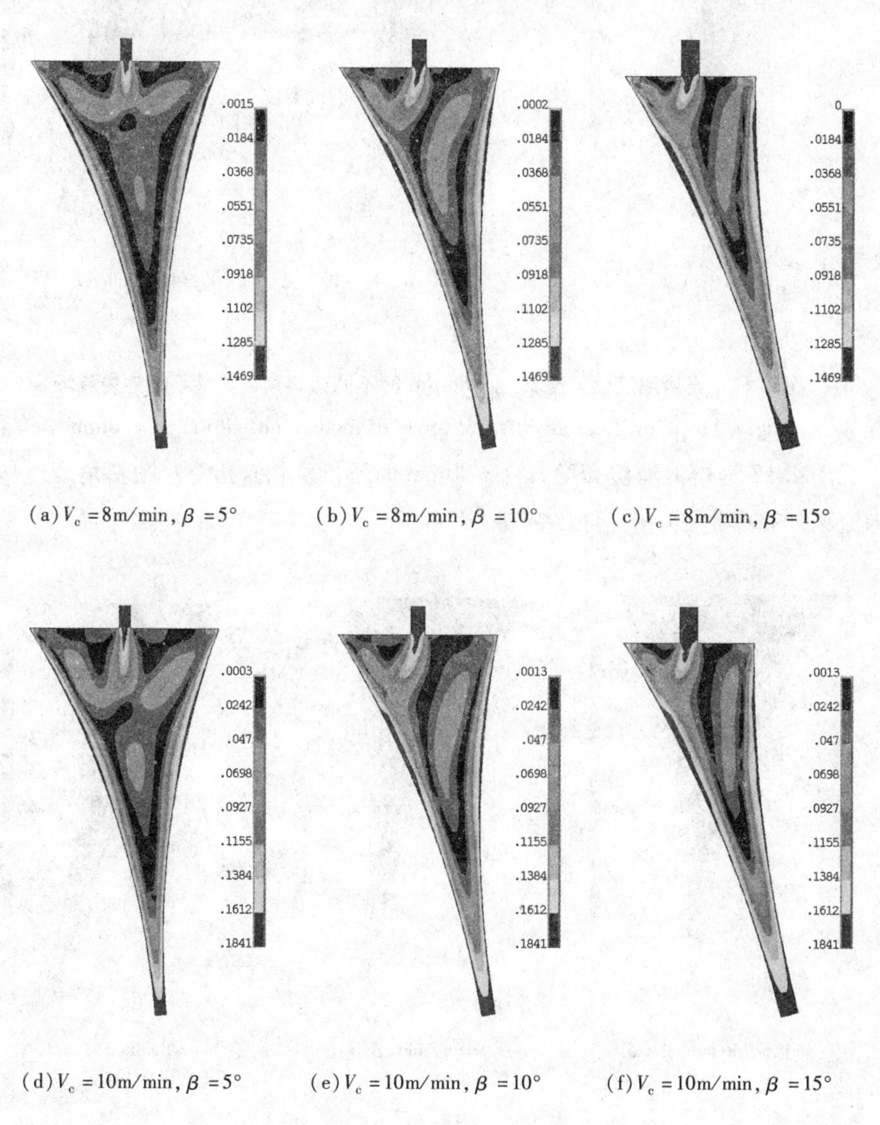

(a) $V_c=8\mathrm{m/min}$, $\beta=5°$　(b) $V_c=8\mathrm{m/min}$, $\beta=10°$　(c) $V_c=8\mathrm{m/min}$, $\beta=15°$

(d) $V_c=10\mathrm{m/min}$, $\beta=5°$　(e) $V_c=10\mathrm{m/min}$, $\beta=10°$　(f) $V_c=10\mathrm{m/min}$, $\beta=15°$

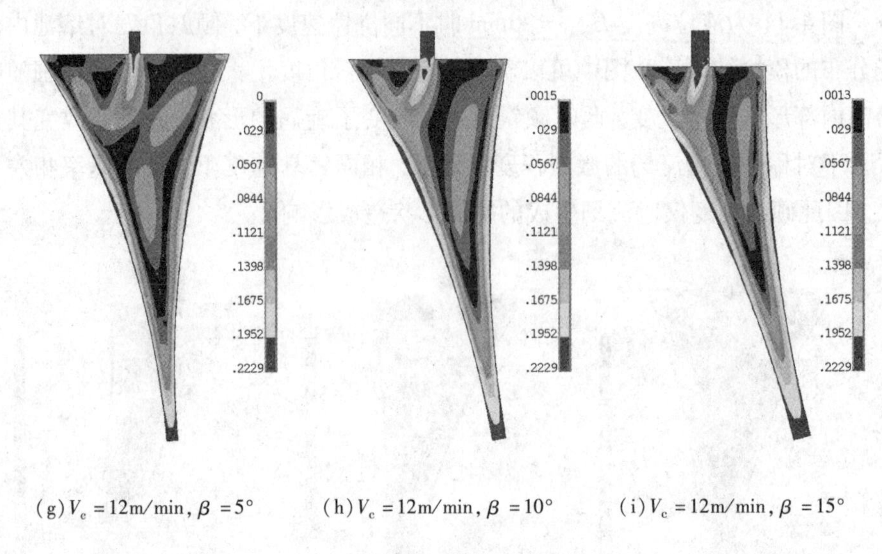

(g) V_c = 12m/min, β = 5°　　(h) V_c = 12m/min, β = 10°　　(i) V_c = 12m/min, β = 15°

单位:m/s

图 4.11　当熔池液位高度 H_{pool} = 80mm 时不同倾斜角度条件下熔池内流场

Fig. 4.11　Flow field at different angle of inclination with H_{pool} = 80mm

图 4.12 为熔池液位高度 H_{pool} = 90mm 时不同浇铸速度下，倾斜角度对熔池内流场分布产生影响的模拟结果。

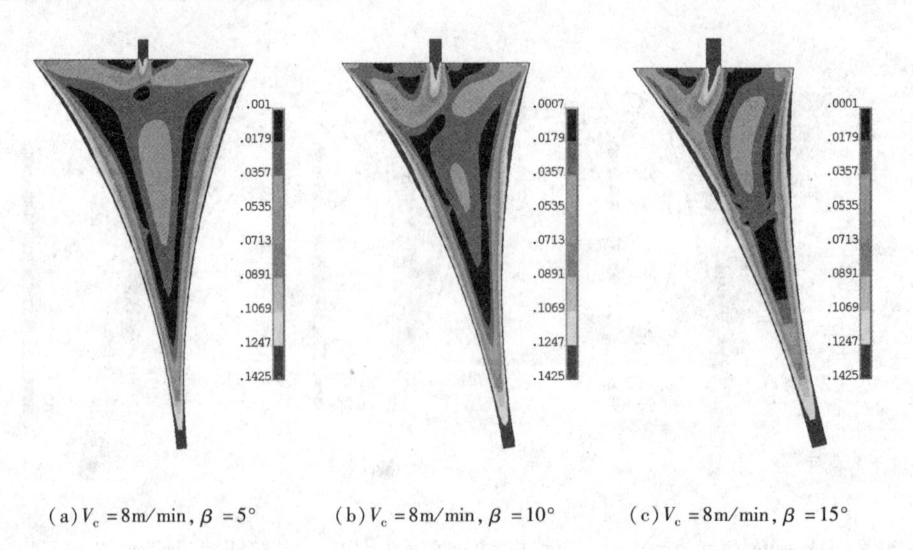

(a) V_c = 8m/min, β = 5°　　(b) V_c = 8m/min, β = 10°　　(c) V_c = 8m/min, β = 15°

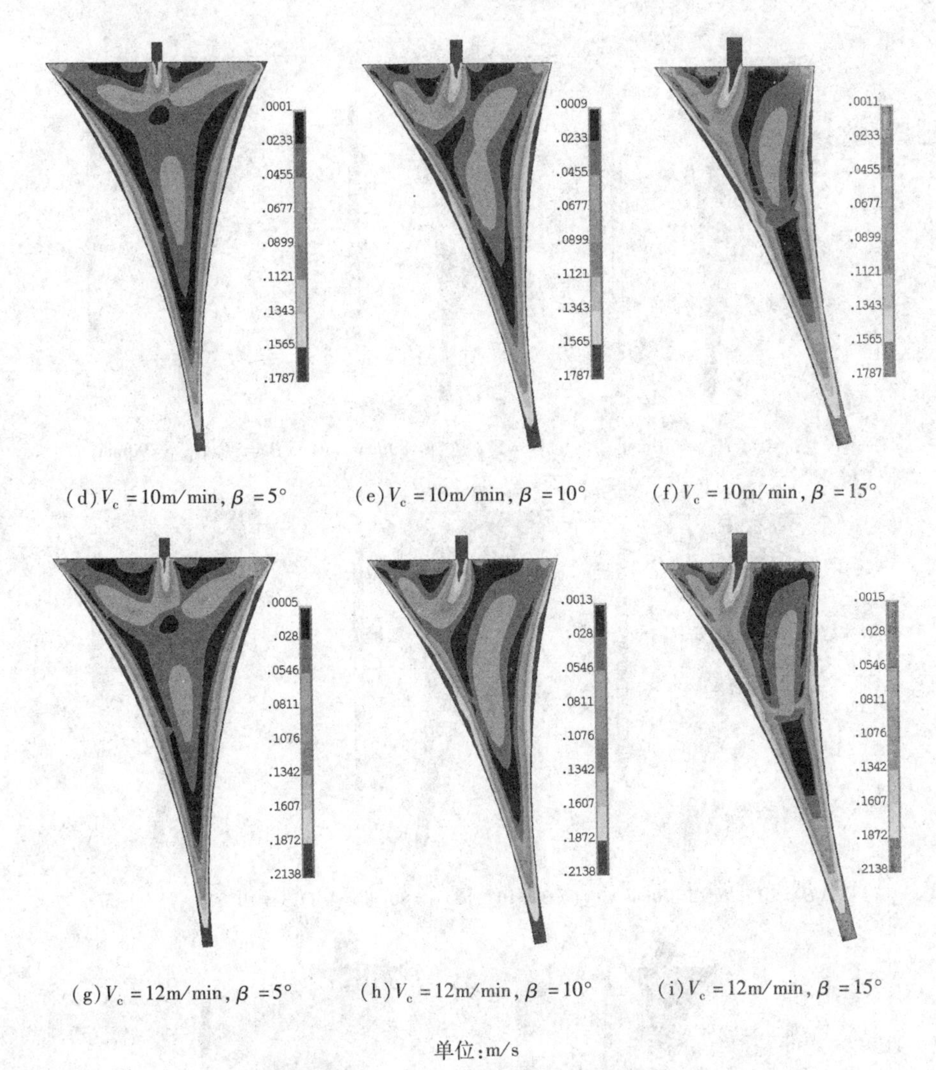

(d) $V_c = 10\text{m/min}, \beta = 5°$　(e) $V_c = 10\text{m/min}, \beta = 10°$　(f) $V_c = 10\text{m/min}, \beta = 15°$

(g) $V_c = 12\text{m/min}, \beta = 5°$　(h) $V_c = 12\text{m/min}, \beta = 10°$　(i) $V_c = 12\text{m/min}, \beta = 15°$

单位:m/s

图 4.12　当熔池液位高度 $H_{pool} = 90$mm 时不同倾斜角度条件下熔池内流场

Fig. 4.12　Flow field at different angle of inclination with $H_{pool} = 90$mm

4.5.2　熔池液位高度对熔池内流场和温度场的影响

为了研究熔池液位高度对熔池内温度场和流场的影响，采用的模拟条件为：浇注温度 973K，倾斜角度为 5°，10°，15°，铸轧速度分别为 8，10，12m/min，液位高度分别为 70，80，90mm。

当铸轧速度 $V_c = 8$m/min 时，不同倾斜角度下，改变熔池液位高度，熔池液位内温度场结果如图 4.13 所示，每一行代表每种倾斜角度所对应的不同熔池液位高度的温度场。

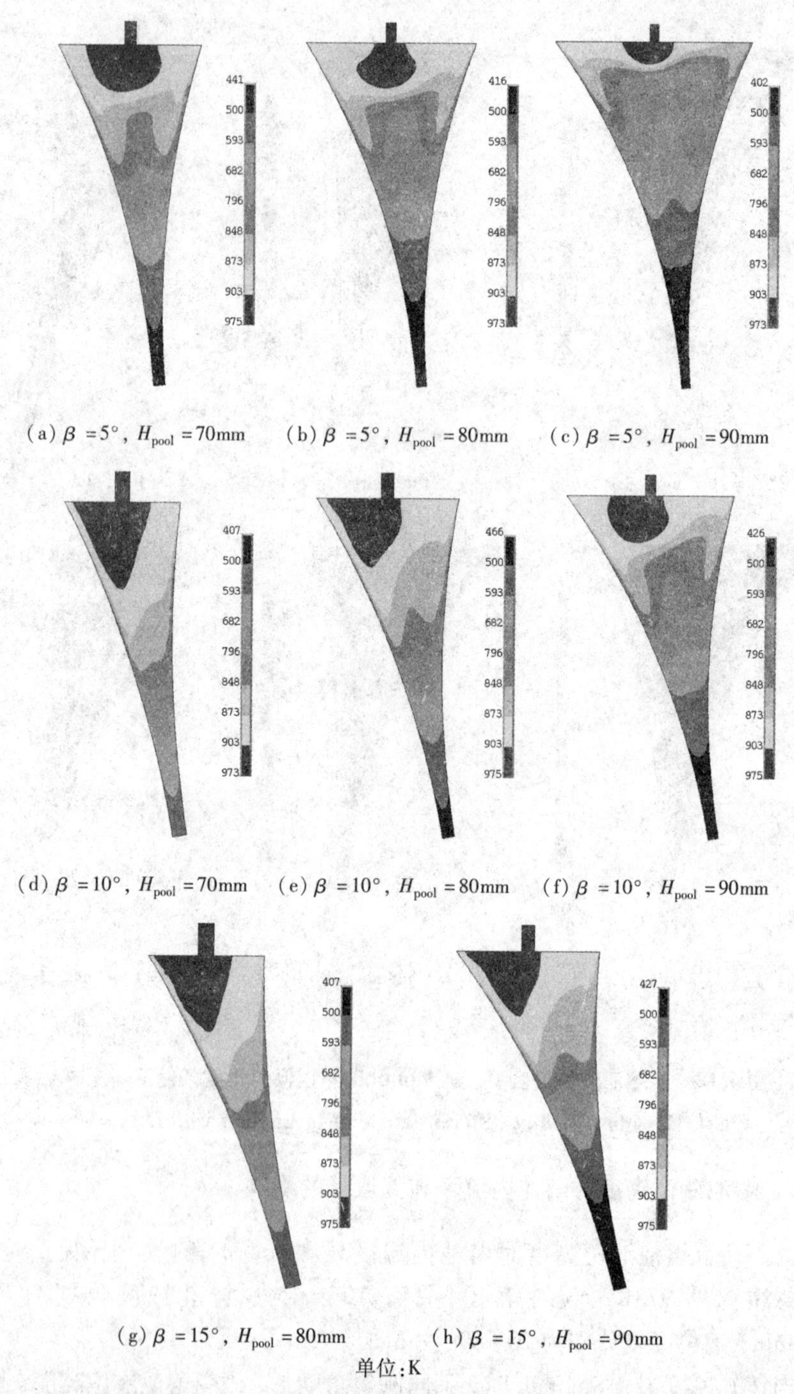

(a) β =5°, H_{pool} =70mm (b) β =5°, H_{pool} =80mm (c) β =5°, H_{pool} =90mm

(d) β =10°, H_{pool} =70mm (e) β =10°, H_{pool} =80mm (f) β =10°, H_{pool} =90mm

(g) β =15°, H_{pool} =80mm (h) β =15°, H_{pool} =90mm

单位:K

图 4.13 当铸轧速度 V_c =8m/min 时不同熔池液位高度条件下熔池内温度分布

Fig. 4.13 Temperature field at different pool height with V_c =8m/min

当铸轧速度 $V_c = 10\text{m/min}$ 时，不同倾斜角度、熔池液位高度条件下的熔池内温度场结果如图 4. 14 所示。

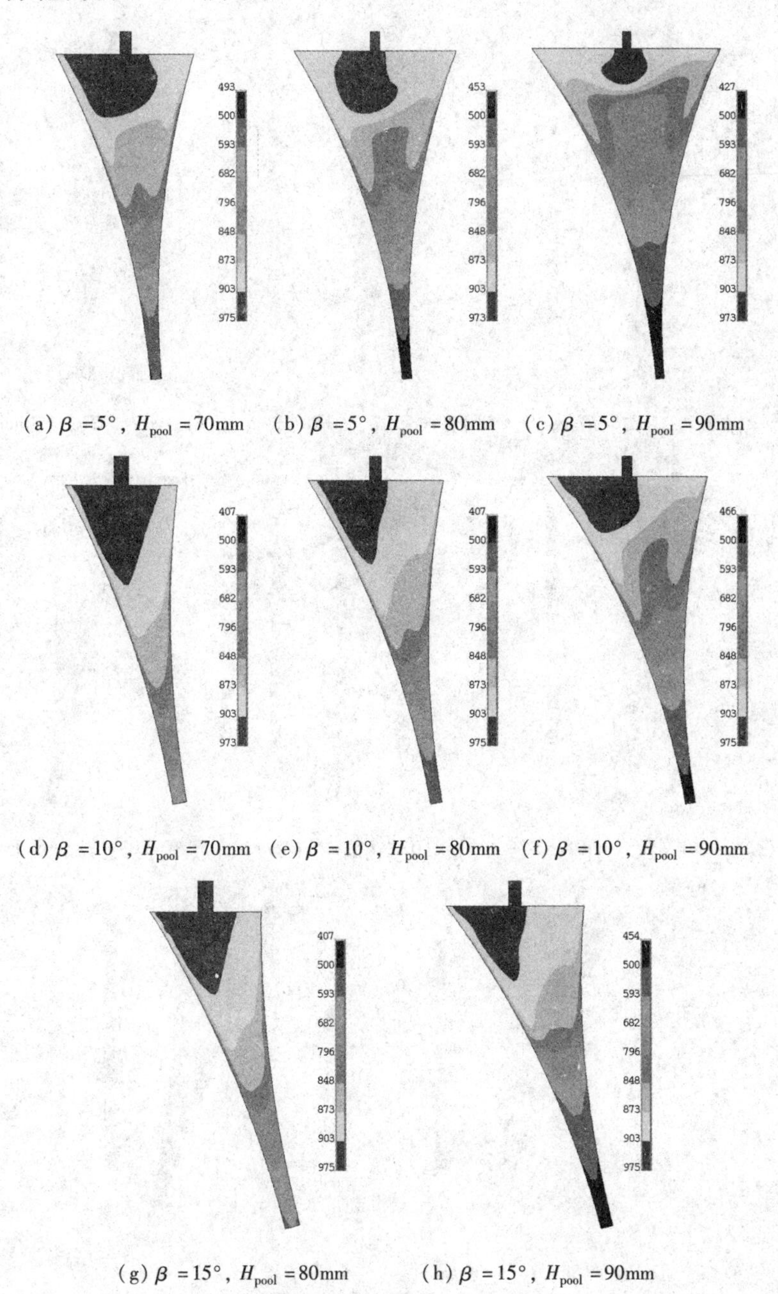

(a) $\beta = 5°$, $H_{pool} = 70\text{mm}$　(b) $\beta = 5°$, $H_{pool} = 80\text{mm}$　(c) $\beta = 5°$, $H_{pool} = 90\text{mm}$

(d) $\beta = 10°$, $H_{pool} = 70\text{mm}$　(e) $\beta = 10°$, $H_{pool} = 80\text{mm}$　(f) $\beta = 10°$, $H_{pool} = 90\text{mm}$

(g) $\beta = 15°$, $H_{pool} = 80\text{mm}$　(h) $\beta = 15°$, $H_{pool} = 90\text{mm}$

单位:K

图 4. 14　当铸轧速度 $V_c = 10\text{m/min}$ 时不同熔池液位高度条件下熔池内温度分布

Fig. 4. 14　Temperature field at different pool height with $V_c = 10\text{m/min}$

当铸轧速度 $V_c = 12\text{m/min}$ 时，不同倾斜角度、熔池液位高度条件下的熔池内温度场结果如图 4.15 所示。

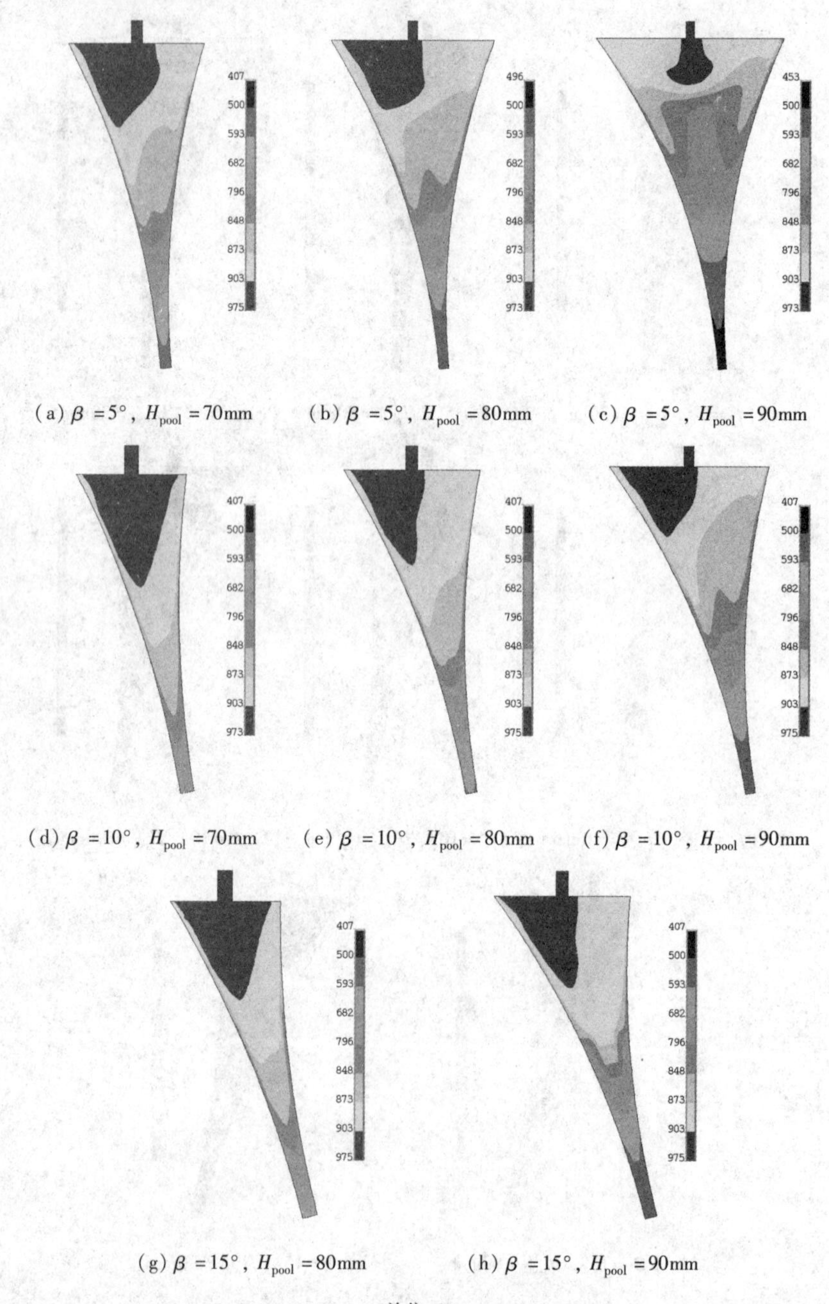

(a) $\beta = 5°$, $H_{pool} = 70\text{mm}$　(b) $\beta = 5°$, $H_{pool} = 80\text{mm}$　(c) $\beta = 5°$, $H_{pool} = 90\text{mm}$

(d) $\beta = 10°$, $H_{pool} = 70\text{mm}$　(e) $\beta = 10°$, $H_{pool} = 80\text{mm}$　(f) $\beta = 10°$, $H_{pool} = 90\text{mm}$

(g) $\beta = 15°$, $H_{pool} = 80\text{mm}$　(h) $\beta = 15°$, $H_{pool} = 90\text{mm}$

单位:K

图 4.15　当铸轧速度 $V_c = 12\text{m/min}$ 时不同熔池液位高度条件下熔池内温度分布

Fig. 4.15　Temperature field at different pool height with $V_c = 12\text{m/min}$

由图 4.13 ~ 图 4.15 可知，在倾斜角度和铸轧速度不变的情况下，随着熔池液位高度升高，凝固前沿上移，金属凝固壳结合点提前。结合温度场分析熔池内部流场的分布情况，图 4.16 为铸轧速度 V_c = 8m/min 时不同熔池液位高度条件下熔池内流场。

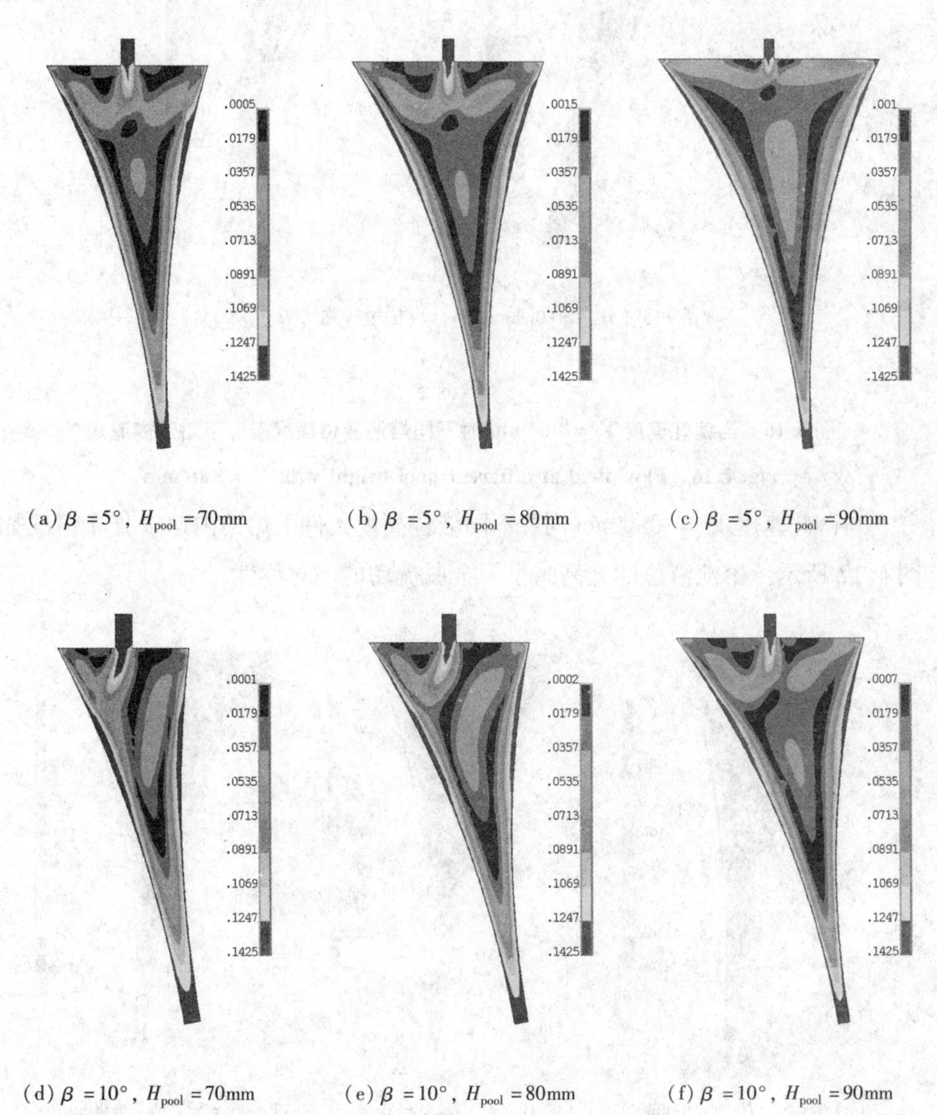

(a) β = 5°, H_{pool} = 70mm　(b) β = 5°, H_{pool} = 80mm　(c) β = 5°, H_{pool} = 90mm

(d) β = 10°, H_{pool} = 70mm　(e) β = 10°, H_{pool} = 80mm　(f) β = 10°, H_{pool} = 90mm

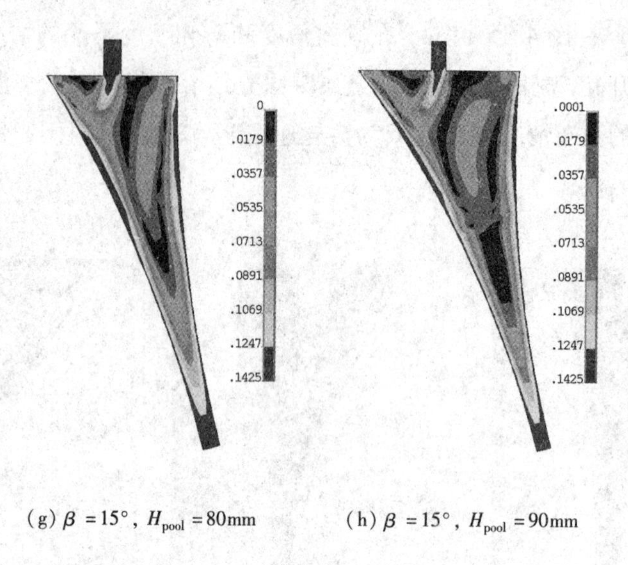

(g) $\beta=15°$, $H_{pool}=80mm$　　(h) $\beta=15°$, $H_{pool}=90mm$

单位:m/s

图 4.16　当铸轧速度 $V_c=8m/min$ 时不同熔池液位高度条件下熔池内流场

Fig. 4.16　Flow field at different pool height with $V_c=8m/min$

当铸轧速度 $V_c=10m/min$ 时，不同液位高度条件下熔池内速度分布情况如图 4.17 所示。熔池液位的升高减小了金属流动的不对称性。

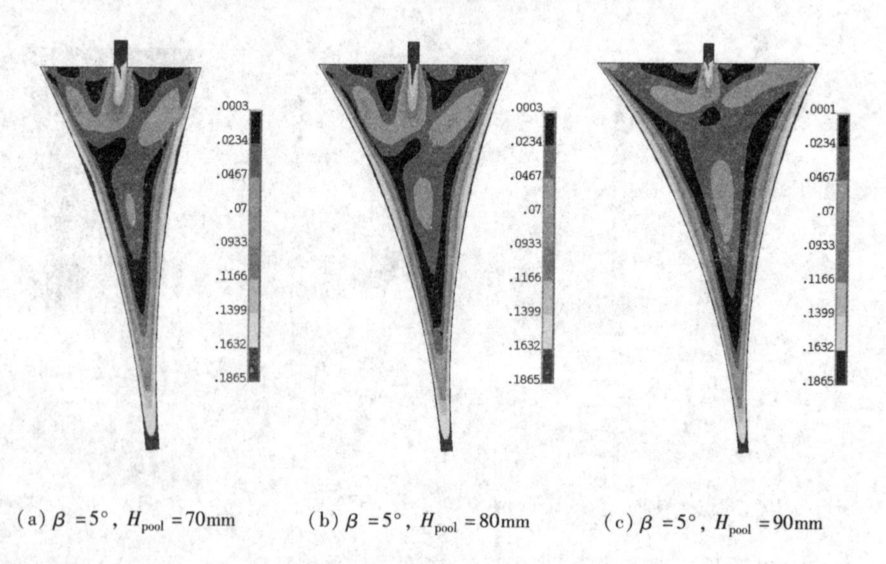

(a) $\beta=5°$, $H_{pool}=70mm$　　(b) $\beta=5°$, $H_{pool}=80mm$　　(c) $\beta=5°$, $H_{pool}=90mm$

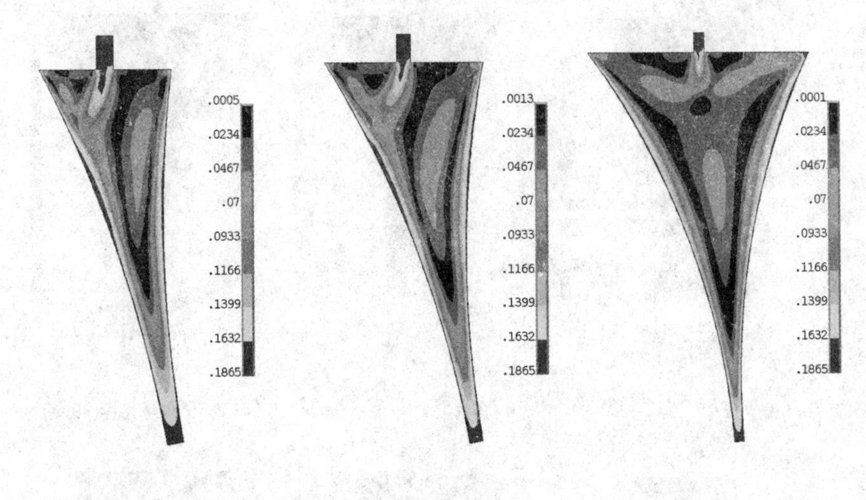

(d) $\beta=10°$, $H_{pool}=70$mm　　(e) $\beta=10°$, $H_{pool}=80$mm　　(f) $\beta=10°$, $H_{pool}=90$mm

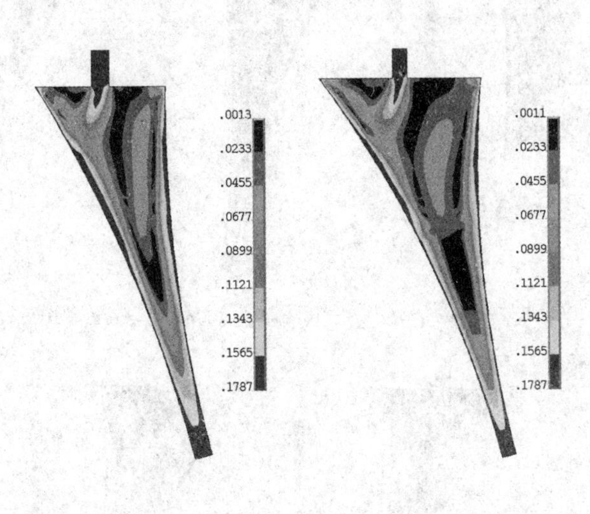

(g) $\beta=15°$, $H_{pool}=80$mm　　(h) $\beta=15°$, $H_{pool}=90$mm

单位:m/s

图 4.17　当铸轧速度 $V_c=10$m/min 时不同熔池液位高度条件下熔池内流场

Fig. 4.17　Flow field at different pool height with $V_c=10$m/min

当铸轧速度 $V_c=12$m/min 时，不同液位高度对流场的影响如图 4.18 所示。

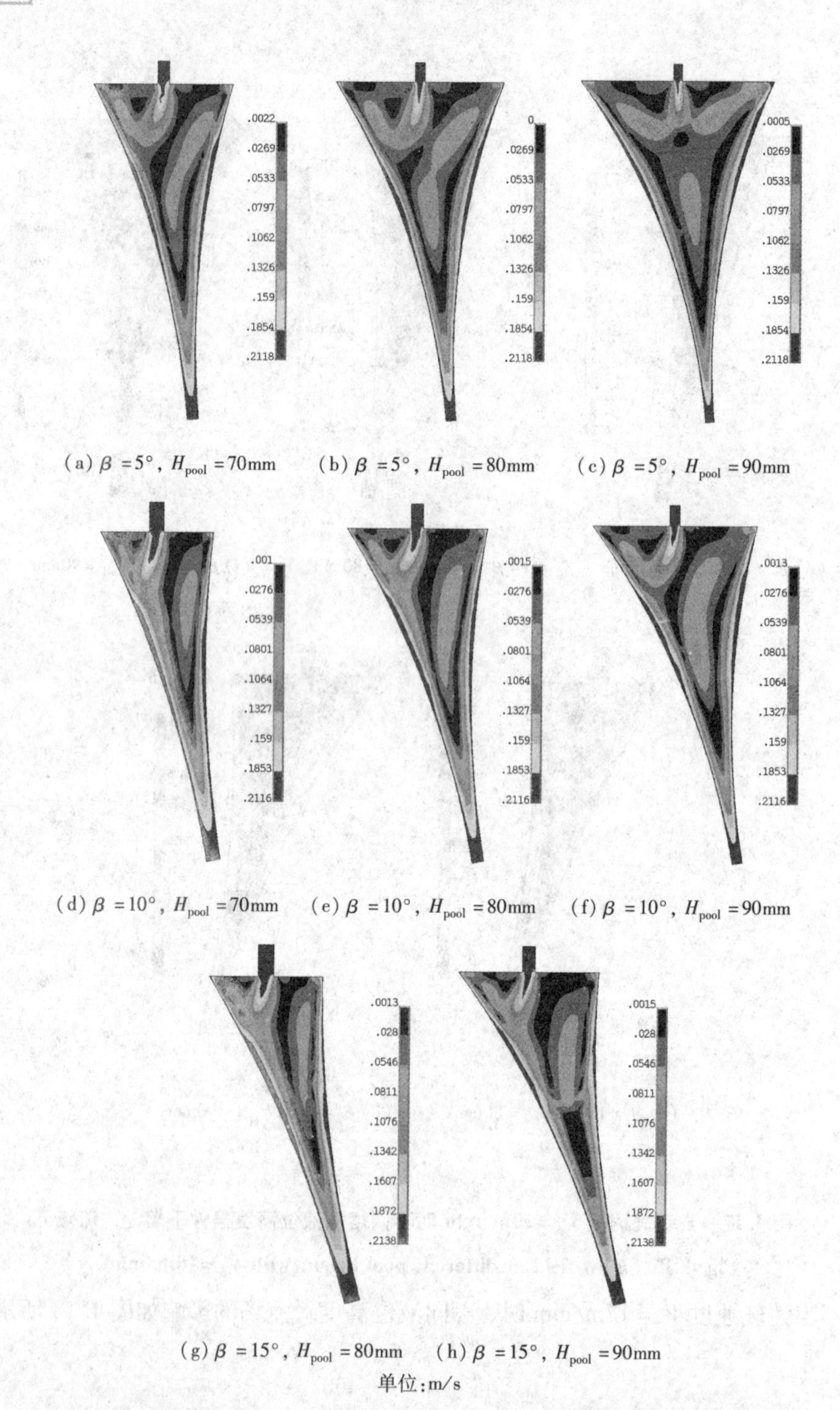

(a) $\beta=5°$, $H_{pool}=70$mm (b) $\beta=5°$, $H_{pool}=80$mm (c) $\beta=5°$, $H_{pool}=90$mm

(d) $\beta=10°$, $H_{pool}=70$mm (e) $\beta=10°$, $H_{pool}=80$mm (f) $\beta=10°$, $H_{pool}=90$mm

(g) $\beta=15°$, $H_{pool}=80$mm (h) $\beta=15°$, $H_{pool}=90$mm

单位:m/s

图 4.18 当铸轧速度 $V_c=12$m/min 时不同熔池液位高度条件下熔池内流场

Fig. 4.18 Flow field at different pool height with $V_c=12$m/min

从图4.16～图4.18流场结果可以看出，增大铸轧速度，可以使旋涡区缩小，避免旋涡集中在上升辊侧，并且在熔池的左右两侧流场的差异减小。

4.5.3　铸轧速度对熔池内流场和温度场的影响

铸轧速度变化在影响铸轧辊与熔池之间换热速度的同时，也对熔池内部的流动方向有较大的影响。为了研究铸轧速度对熔池内部流场和温度场的影响，设定模拟条件：浇注温度为973K，按照倾斜角度分别为5°，10°，15°三种情况进行对比，液位高度控制在70，80，90mm，铸轧速度分别为8，10，12m/min。

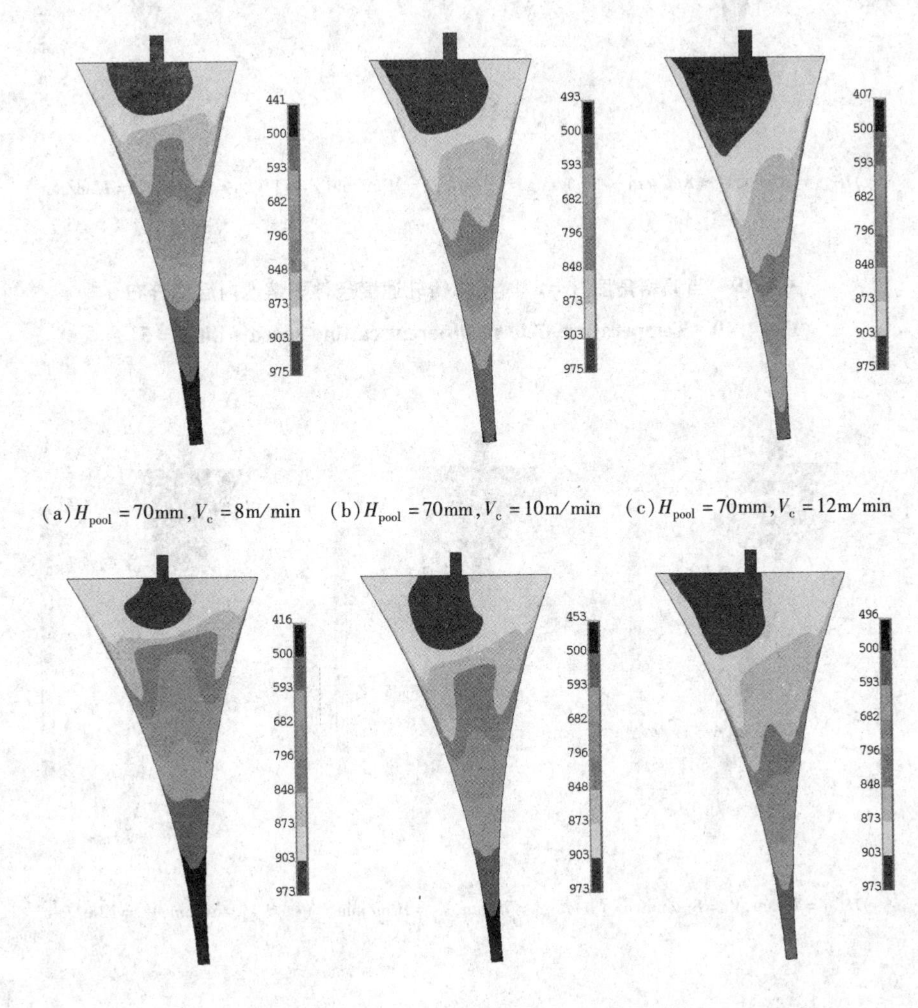

(a) $H_{pool}=70mm, V_c=8m/min$　(b) $H_{pool}=70mm, V_c=10m/min$　(c) $H_{pool}=70mm, V_c=12m/min$

(d) $H_{pool}=80mm, V_c=8m/min$　(e) $H_{pool}=80mm, V_c=10m/min$　(f) $H_{pool}=80mm, V_c=12m/min$

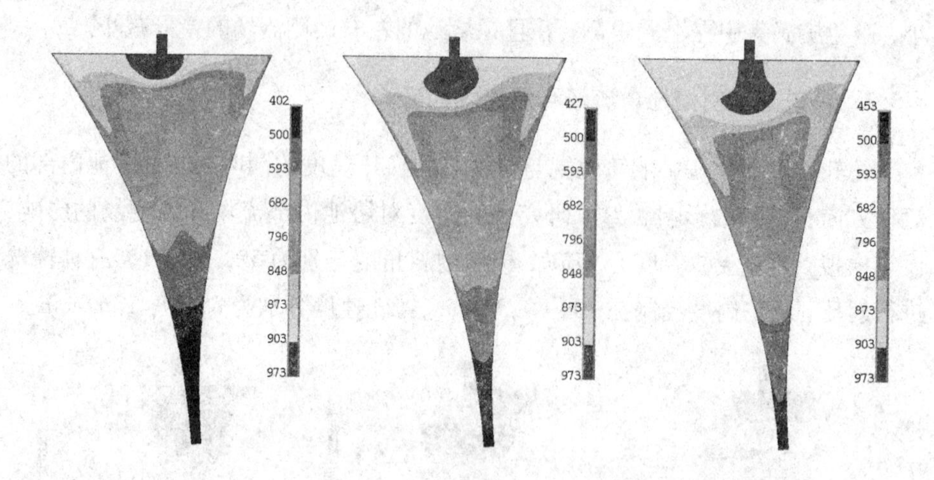

(g) $H_{pool}=90mm, V_c=8m/min$　(h) $H_{pool}=90mm, V_c=10m/min$　(i) $H_{pool}=90mm, V_c=12m/min$

单位:K

图 4.19　当倾斜角度 $\beta=5°$ 时不同铸轧速度条件下熔池内温度分布

Fig. 4.19　Temperature field at different casting speed with $\beta=5°$

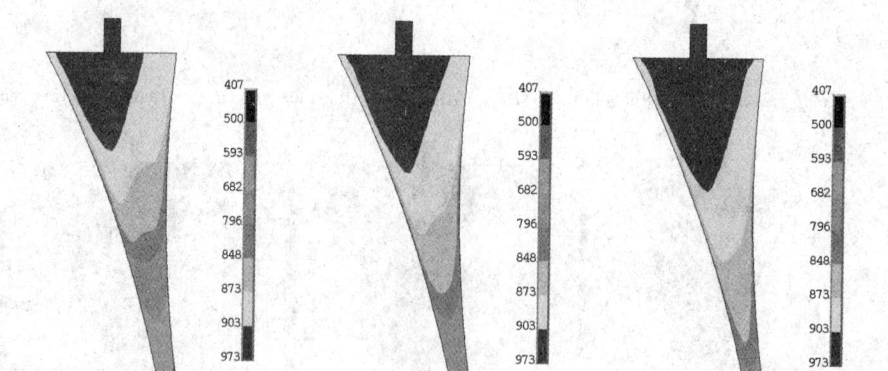

(a) $H_{pool}=70mm, V_c=8m/min$　(b) $H_{pool}=70mm, V_c=10m/min$　(c) $H_{pool}=70mm, V_c=12m/min$

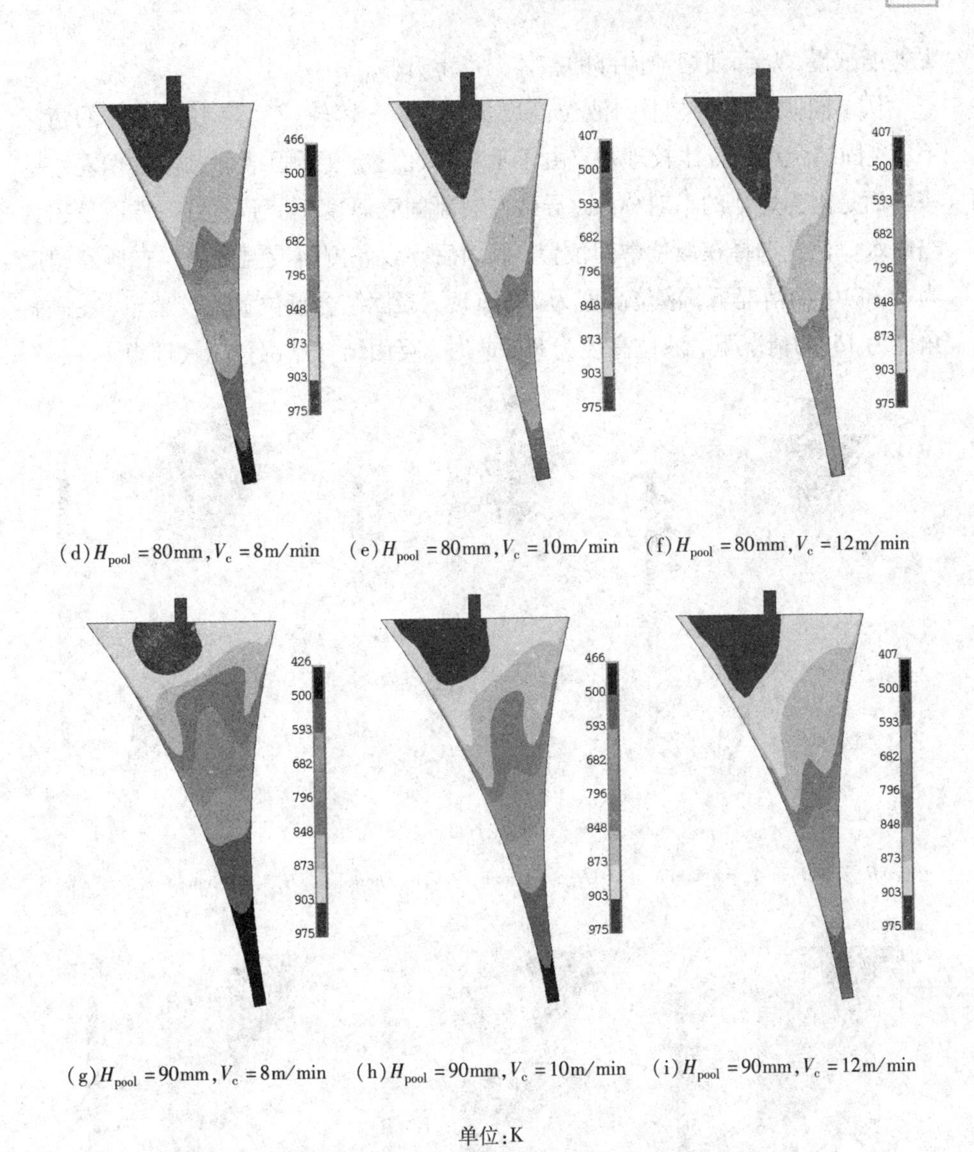

图 4.20　当倾斜角度 $\beta=10°$ 时不同铸轧速度条件下熔池内温度分布

Fig. 4.20　Temperature field at different casting speed with $\beta=10°$

由图 4.19 ~ 图 4.21 可知，随着铸轧速度的增加，固 - 液相界面向轧制区移动。在铸轧速度为 8m/min 时，金属在未进入轧制区时已经开始凝固，当铸轧速度提升到 12m/min 时，凝固区刚进入轧制区，可见铸轧速度是影响熔池内温度场的重要因素之一。一方面是因为随着铸轧速度的提高，轧辊带动金属流动速度加快，下方金属的流出使上方金属在重力作用下填充熔池，使整个过程加快；另一方面是因为随着铸轧速度的提高，金属与熔池接触时间短，热量散失速度减慢，从而使熔池内部的整体温度上升。

从不同倾斜角度、不同液位高度情况来看，铸轧速度为 12m/min 的情况下，凝固结合点位置比较理想，由于不对称性，导致凝固结合点位置偏左。这一方面是因为熔池的不对称性，导致左右凝固壳厚度不一致；另一方面是因为当前水口位置选择在液位中间位置，倾斜后导致左侧熔液温度高。在倾斜角度为 5°和 10°的情况下，液位高度为 70mm 时，凝固结合点位置比较理想；在倾斜角度为 15°的情况下，液位高度为 80mm 时，凝固结合点位置比较理想。

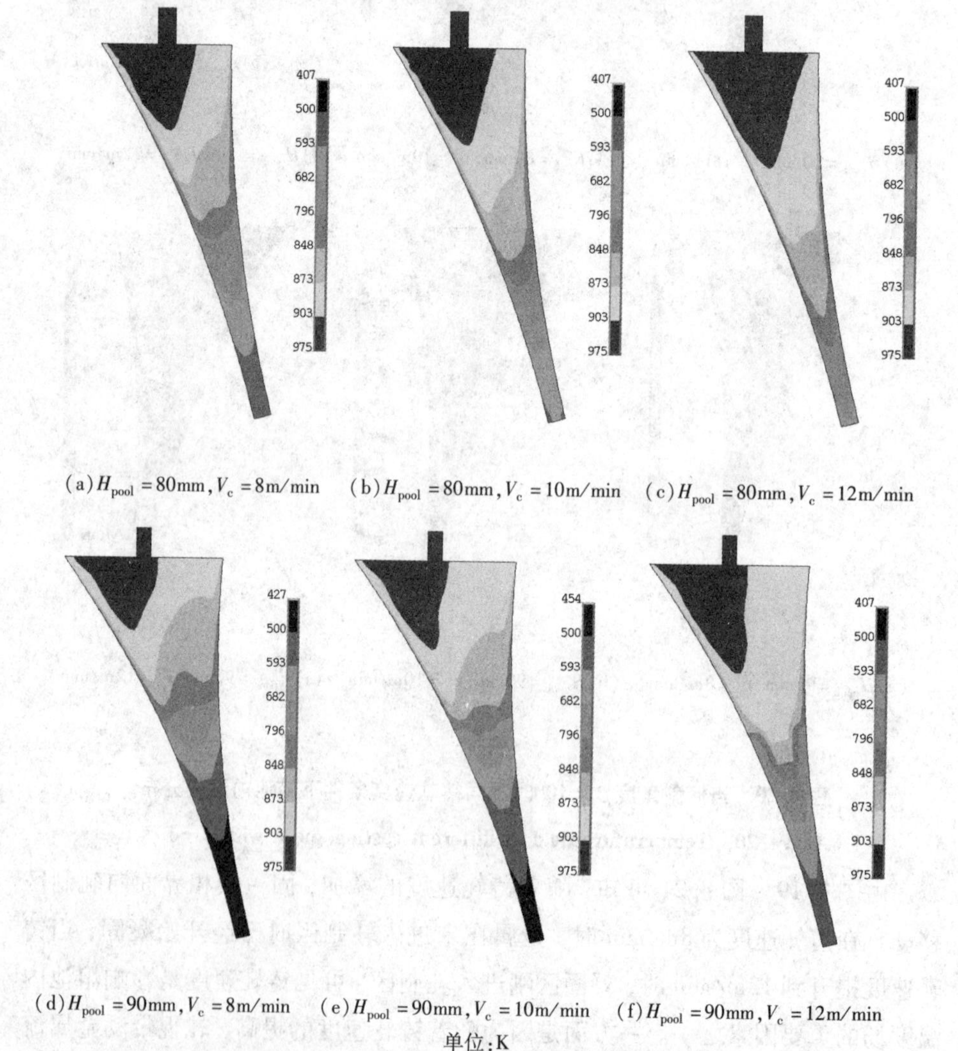

(a) H_{pool} = 80mm, V_c = 8m/min　(b) H_{pool} = 80mm, V_c = 10m/min　(c) H_{pool} = 80mm, V_c = 12m/min

(d) H_{pool} = 90mm, V_c = 8m/min　(e) H_{pool} = 90mm, V_c = 10m/min　(f) H_{pool} = 90mm, V_c = 12m/min

单位:K

图 4.21　当倾斜角度 β = 15°时不同铸轧速度条件下熔池内温度分布

Fig. 4.21　Temperature field at different casting speed with β = 15°

图 4.22 ~ 图 4.24 分别给出了不同铸轧速度条件下熔池内的流场分布情况，按照三种倾斜角度分别进行比较。在保证液位高度相同的条件下，随着铸轧速度的升高，熔池内部流动变得复杂。铸轧速度增加了熔池内部金属流动的速度，加强了液态金属间的相互作用。不同铸轧速度需要相应的其他参数相配合，可以看出，在铸轧速度为 12m/min，熔池液位高度控制在 90mm 时得到的流场左右两旋涡得到改善，趋于一致。这是因为随着铸轧速度的提高，铸轧辊的线速度相应增大，从轧制出口带出的金属质量通量增加，熔池内的金属在凝固壳的带动下，大量涌入辊缝位置。熔池内部金属没有相互挤压，在上方两侧形成对称的两旋涡，均匀完成左右两辊的铸轧过程。

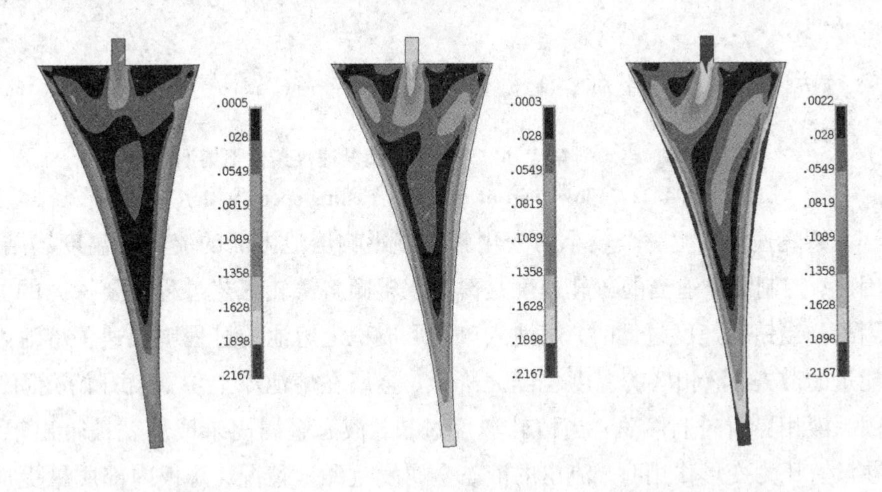

(a) H_{pool} = 70mm, V_c = 8m/min　(b) H_{pool} = 70mm, V_c = 10m/min　(c) H_{pool} = 70mm, V_c = 12m/min

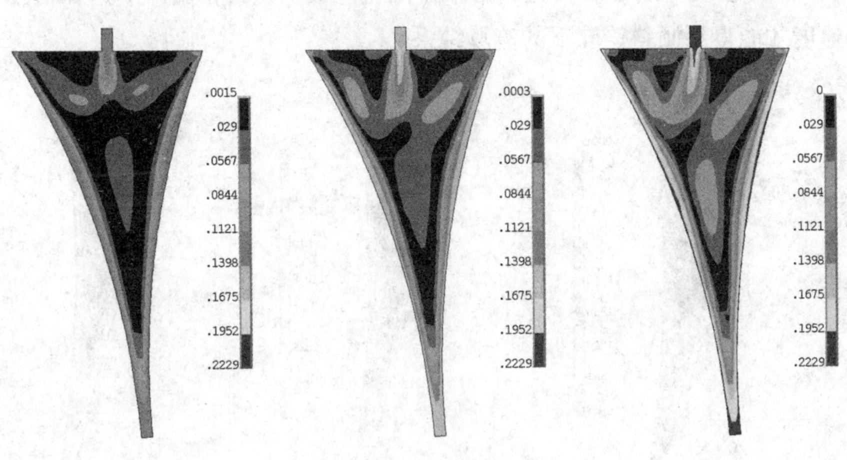

(d) H_{pool} = 80mm, V_c = 8m/min　(e) H_{pool} = 80mm, V_c = 10m/min　(f) H_{pool} = 80mm, V_c = 12m/min

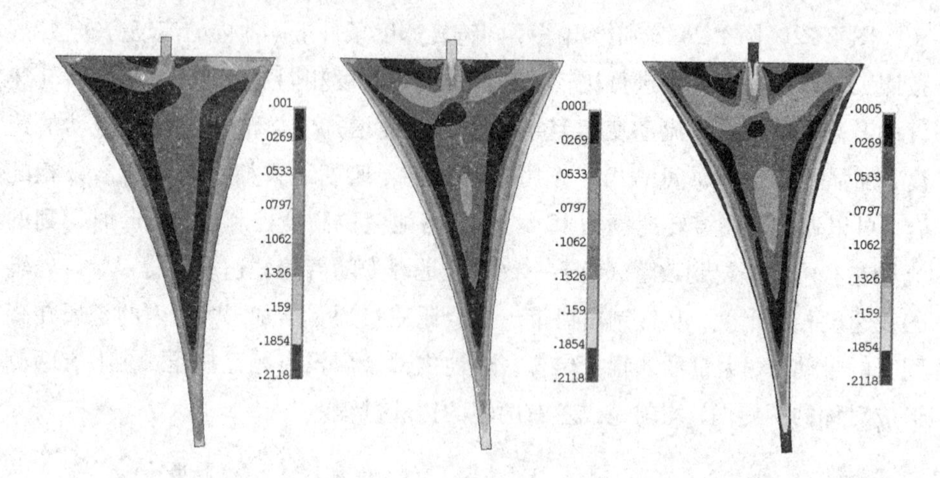

(g) $H_{pool}=90\text{mm}, V_c=8\text{m/min}$　(h) $H_{pool}=90\text{mm}, V_c=10\text{m/min}$　(i) $H_{pool}=90\text{mm}, V_c=12\text{m/min}$

单位：m/s

图 4.22　当倾斜角度 $\beta=5°$ 时不同铸轧速度条件下熔池内流场

Fig. 4.22　Flow field at different casting speed with $\beta=5°$

铸轧速度发生一个较小的变化就能够影响熔池内部的流场和温度场结果，因此，控制调整适当的铸轧速度是薄板双辊倾斜铸轧工艺过程需要探究的关键因素。当铸轧速度过低时，熔池入口在形成稳定熔池的过程中加速了熔池内部能量的散失，液相区的温度也随之降低，金属在熔池靠上位置就开始凝固，使固－液相界面向上移动。当铸轧速度过快，液态金属尚未成形就被带出辊缝，在没有压力变形作用时，流出的液态金属发生漏液情况，薄板内部质量更加不好，严重时会发生断带。因此，在保证铸轧薄板质量的前提下，选择恰当的铸造速度才能得到倾斜铸轧下的流场结果。

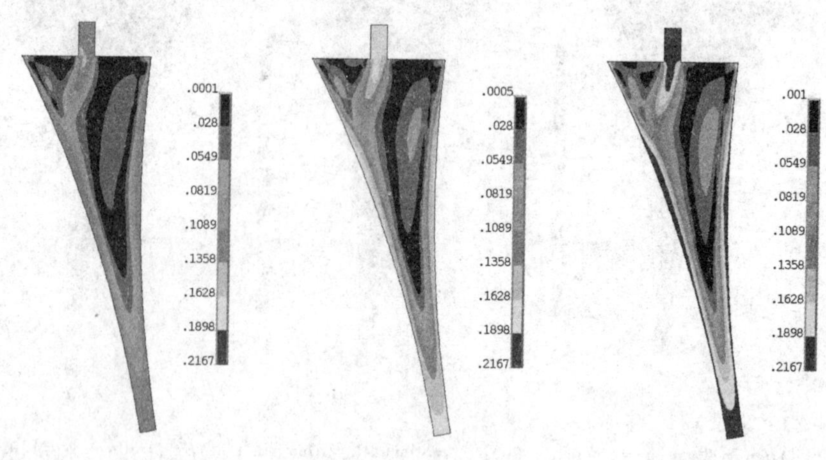

(a) $H_{pool}=70\text{mm}, V_c=8\text{m/min}$　(b) $H_{pool}=70\text{mm}, V_c=10\text{m/min}$　(c) $H_{pool}=70\text{mm}, V_c=12\text{m/min}$

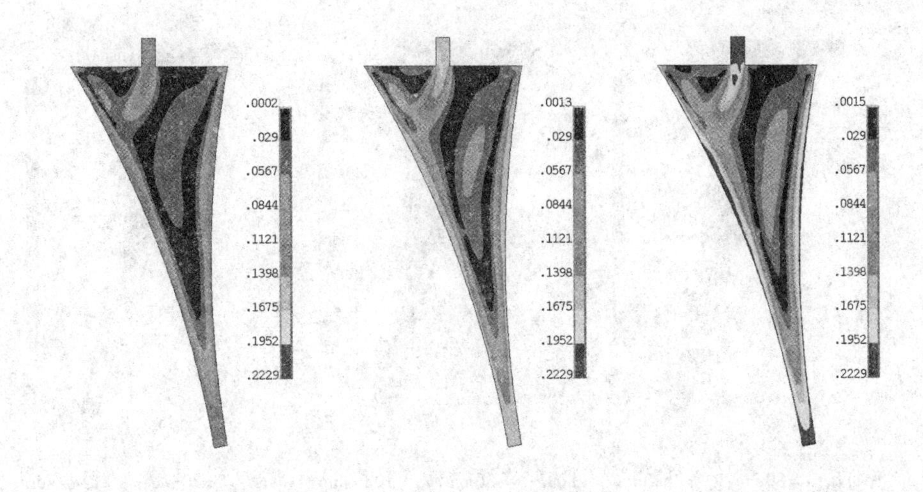

(d) $H_{pool}=80mm, V_c=8m/min$　(e) $H_{pool}=80mm, V_c=10m/min$　(f) $H_{pool}=80mm, V_c=12m/min$

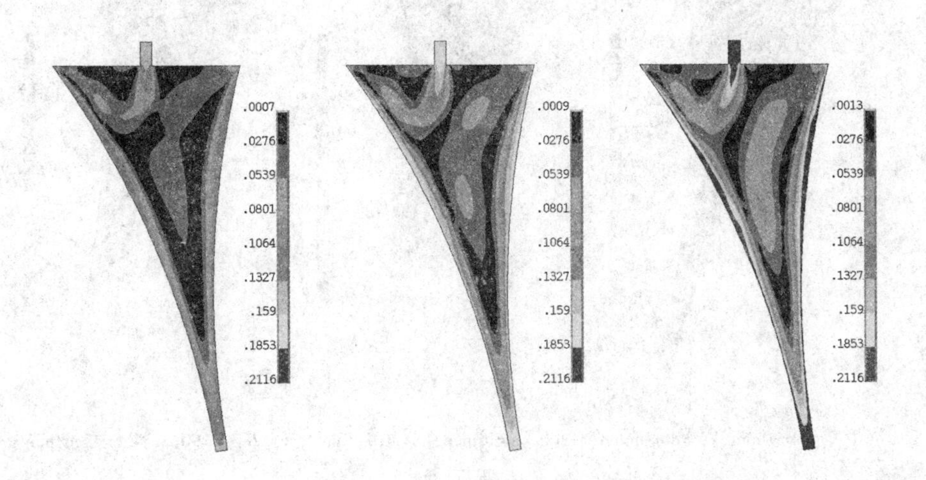

(g) $H_{pool}=90mm, V_c=8m/min$　(h) $H_{pool}=90mm, V_c=10m/min$　(i) $H_{pool}=90mm, V_c=12m/min$

单位:m/s

图 4.23　当倾斜角度 $\beta=10°$ 时不同铸轧速度条件下熔池内流场

Fig. 4.23　Flow field at different casting speed with $\beta=10°$

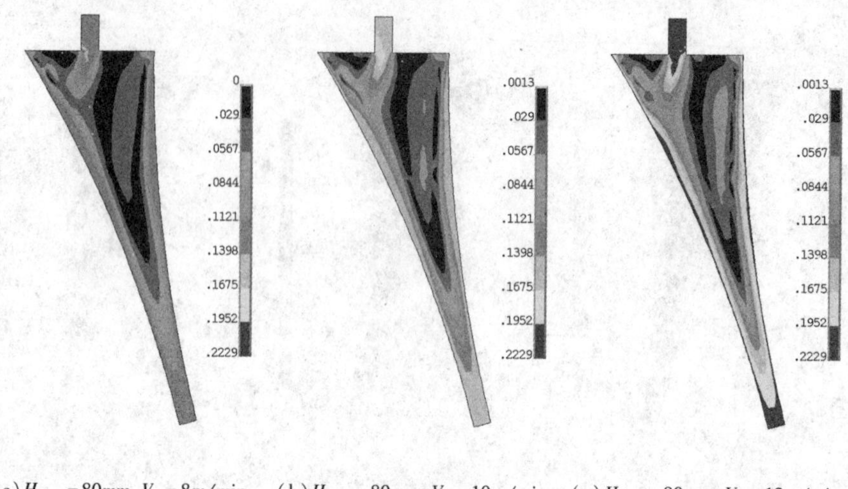

(a) $H_{pool}=80mm, V_c=8m/min$　(b) $H_{pool}=80mm, V_c=10m/min$　(c) $H_{pool}=80mm, V_c=12m/min$

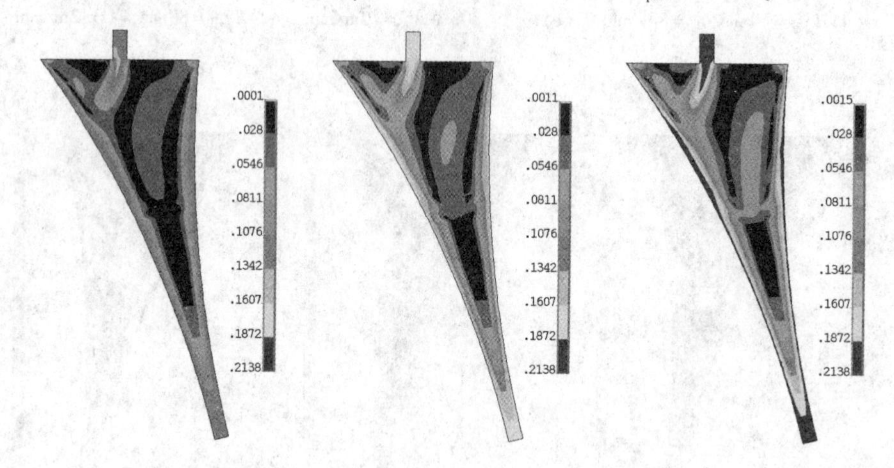

(d) $H_{pool}=90mm, V_c=8m/min$　(e) $H_{pool}=90mm, V_c=10m/min$　(f) $H_{pool}=90mm, V_c=12m/min$

单位：m/s

图 4.24　当倾斜角度 $\beta=15°$ 时不同铸轧速度条件下熔池内流场

Fig. 4.24　Flow field at different casting speed with $\beta=15°$

4.6　熔池内流场和温度场不对称性分析

为了便于进行模拟结果定量分析，能够更加直接地判断熔池内流场和温度场的不对称性，选取温度场中与 x 轴平行的 m 条线段进行分析：

$$(x_i^{(j)},\ T_i^{(j)}) \tag{4.20}$$

式中：j——线数，$j=1,2,\cdots,m$；

i——取点个数，$i=1,2,\cdots,N_j$；

$x_i^{(j)}$——第 j 条线段上第 i 个点的横坐标；

$T_i^{(j)}$——第 j 条线段上第 i 个点的实际温度；

$T_{0i}^{(j)}$——第 j 条线段上第 i 个点的参照温度。

不对称分析示意图如图 4.25 所示。

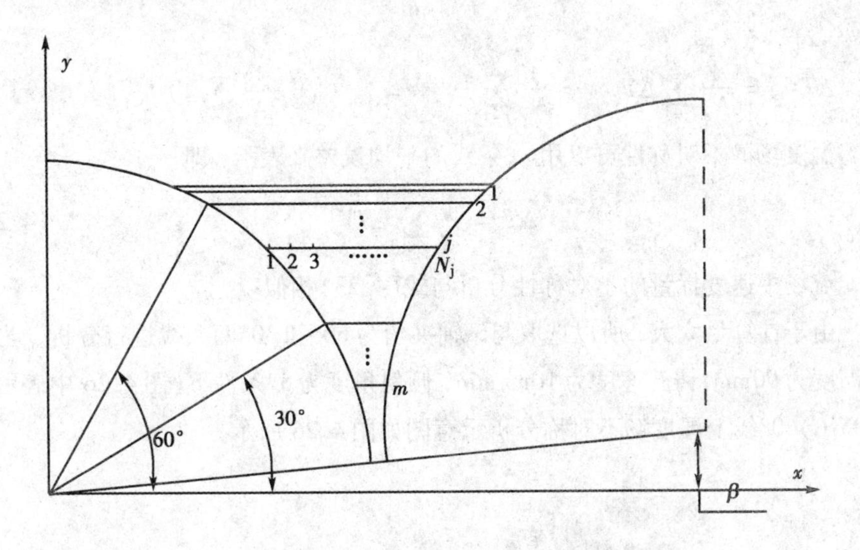

图 4.25　不对称分析示意图

Fig. 4.25　Schematic view of asymmetrical analysis

各条线的平均误差为：

$$\overline{\Delta T}^{(1)} = \frac{1}{N_1}\sum_{i=1}^{N_1}\Delta T_i^{(1)} = \frac{1}{N_1}\sum_{i=1}^{N_1}\left|T_i^{(1)} - T_{0i}^{(1)}\right|$$

$$\vdots$$

$$\overline{\Delta T}^{(j)} = \frac{1}{N_j}\sum_{i=1}^{N_j}\Delta T_i^{(j)} = \frac{1}{N_j}\sum_{i=1}^{N_j}\left|T_i^{(j)} - T_{0i}^{(j)}\right| \tag{4.21}$$

$$\vdots$$

$$\overline{\Delta T}^{(m)} = \frac{1}{N_m}\sum_{i=1}^{N_m}\Delta T_i^{(m)} = \frac{1}{N_m}\sum_{i=1}^{N_m}\left|T_i^{(m)} - T_{0i}^{(m)}\right|$$

由于参照温度 $T_{0i}^{(j)}$ 无法获取，考虑到只是针对各条线进行不对称分析，因此，可以将线段从中点分成两段，将对应对称的点进行比较，然后求平均误差，则式(4.21)可以表示为：

$$
\begin{aligned}
\overline{\Delta T}^{(1)} &= \frac{1}{N_1}\sum_{i=1}^{N_1}\Delta T_i^{(1)} = \frac{1}{N_1}\sum_{i=1}^{N_1}\left|T_i^{(1)} - T_{0i}^{(1)}\right| = \frac{1}{2N_1}\sum_{i=1}^{N_1/2}\left|T_{N_1+1-i}^{(1)} - T_i^{(1)}\right| \\
&\vdots \\
\overline{\Delta T}^{(j)} &= \frac{1}{N_j}\sum_{i=1}^{N_j}\Delta T_i^{(j)} = \frac{1}{N_j}\sum_{i=1}^{N_j}\left|T_i^{(j)} - T_{0i}^{(j)}\right| = \frac{1}{2N_j}\sum_{i=1}^{N_j/2}\left|T_{N_j+1-i}^{(j)} - T_i^{(j)}\right| \\
&\vdots \\
\overline{\Delta T}^{(m)} &= \frac{1}{N_m}\sum_{i=1}^{N_m}\Delta T_i^{(m)} = \frac{1}{N_m}\sum_{i=1}^{N_m}\left|T_i^{(m)} - T_{0i}^{(m)}\right| = \frac{1}{2N_m}\sum_{i=1}^{N_m/2}\left|T_{N_m+1-i}^{(m)} - T_i^{(m)}\right|
\end{aligned}
\tag{4.22}
$$

温度场的不对称性可以用 m 条线的平均误差来表示，即

$$
\overline{\Delta T} = \frac{1}{m}\sum_{k=1}^{m}\overline{\Delta T}^{(k)} \tag{4.23}
$$

流场中速度标量的不对称性分析与式(4.23)相似。

由于计算量太大，所以选取与 x 轴夹角为60°和30°两条线进行分析。当液位高度为90mm，铸轧速度为10m/min，倾斜角度为5°条件下(图4.26中表示为900510)60°线上温度场不对称分析示意图如图4.26所示。

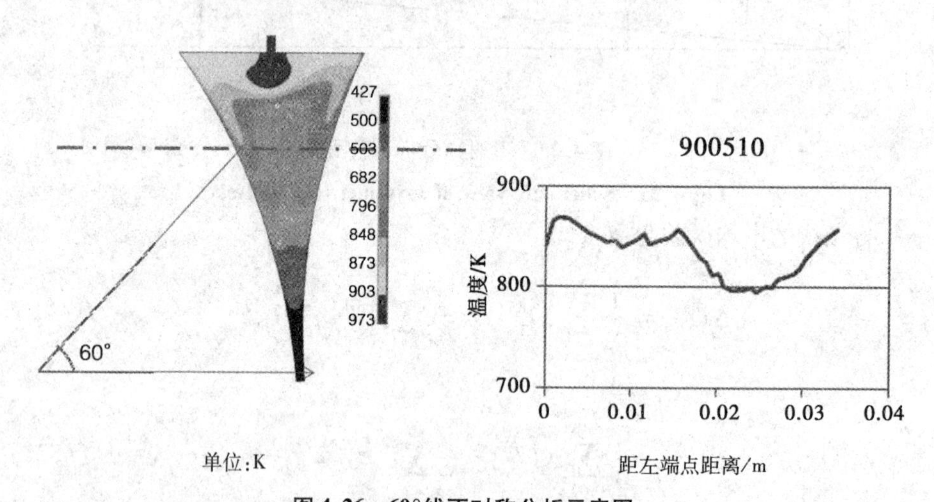

图4.26　60°线不对称分析示意图

Fig. 4.26　Schematic view of 60° line asymmetrical analysis

当液位高度分别控制在70，80，90mm，铸轧速度分别为8，10，12m/min，倾斜角度分别为5°，10°，15°情况下，依据不对称分析模型式(4.22)，计算出不同工艺参数情况下60°线上温度场的平均误差。与此类似，也可计算出不同工艺参数情况下60°线上速度标量的平均误差，计算结果如表4.2所示。

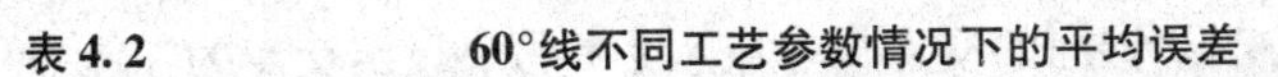

表4.2　　60°线不同工艺参数情况下的平均误差

Tab.4.2　60° line of average error in different technology parameters

60°线原始数据		T/K			V/(m·s⁻¹)		
角度/(°)	速度/(m·min⁻¹)	70mm	80mm	90mm	70mm	80mm	90mm
5	8	22.16395062	17.92483333	20.56010526	0.024989636	0.009301111	0.005681175
	10	19.08816667	16.88786111	28.71446341	0.015938733	0.015464051	0.00930669
	12	28.42316667	30.49877778	25.66260976	0.03003857	0.027231956	0.022334461
10	8	23.38535	37.32504	19.02268421	0.01673658	0.031979382	0.011744882
	10	27.59975	31.25144	37.70432258	0.01623475	0.036709521	0.012842348
	12	29.87009524	31.22628	34.36583871	0.047508338	0.045438379	0.015065603
15	8		20.01004762	32.2105		0.015884343	0.022043101
	10		17.36619048	28.06175		0.026160219	0.023233535
	12		18.94790476	26.72241667		0.031591971	0.024225395

表4.3为60°标记线的不对称性数据归一化的结果，数据归一后的结果将平均误差值转化为0~1之间的参数标准，“0”表示绝对对称，数值增加说明不对称性增强。将27种不同参数的组合结果整理后，将温度场和速度场的结果耦合，两种因素各占0.5的影响因子。

表4.3　　归一化的60°线不同工艺参数情况下的平均误差

Tab.4.3　Normalization 60° line of average error in different technology parameters

60°线归一化		T/K			T/K			0.5T+0.5V		
角度/(°)	速度/(m·min⁻¹)	70mm	80mm	90mm	70mm	80mm	90mm	70mm	80mm	90mm
5	8	0.6	0.5	0.5	0.5	0.2	0.1	0.6	0.3	0.3
	10	0.5	0.4	0.8	0.3	0.3	0.2	0.4	0.4	0.5
	12	0.8	0.8	0.7	0.6	0.6	0.5	0.7	0.7	0.6
10	8	0.6	1.0	0.5	0.4	0.7	0.2	0.5	0.8	0.4
	10	0.7	0.8	1.0	0.3	0.8	0.3	0.5	0.8	0.6
	12	0.8	0.8	0.9	1.0	1.0	0.3	0.9	0.9	0.6
15	8		0.5	0.9		0.3	0.5		0.4	0.7
	10		0.5	0.7		0.6	0.5		0.5	0.6
	12		0.5	0.7		0.7	0.5		0.6	0.6

通过求和处理后的结果参照模拟结果的节点云图，证实此种归一化处理具有可行性和准确性，将模拟结果从定性转化为定量，便于得到可以归纳的函数变化规律。若在熔池内部，以左侧不动辊断面圆心为原点做水平线为 x 轴，选

取与 x 轴成 60°的线与不动辊面的交点做一条水平线段，设定交点为左端点（位置原点），横坐标表示距离该原点的距离，纵坐标为对应位置的温度，则在各种工艺条件下，60°线上温度场不对称性比较结果如图 4.27 所示。

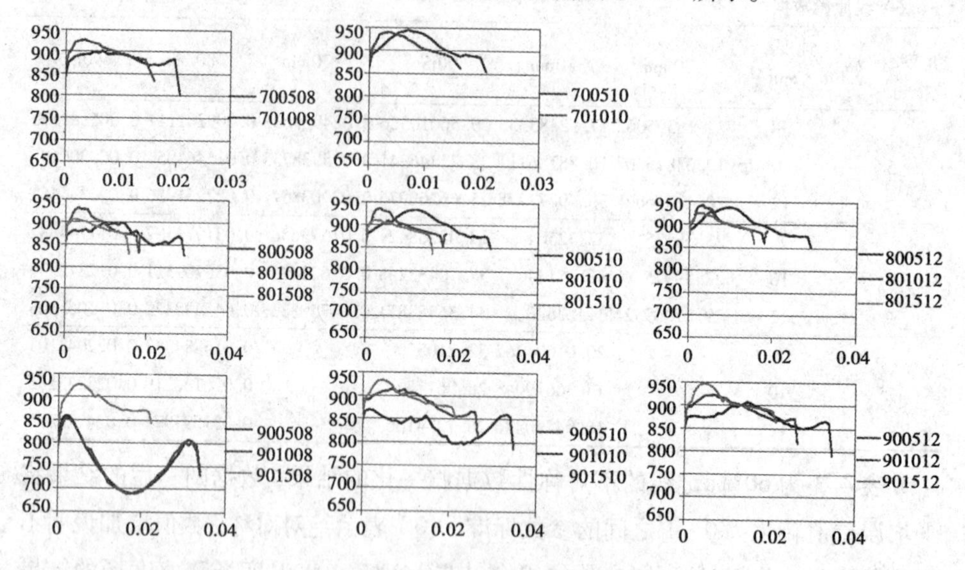

图 4.27　60°线不对称性分析比较

Fig. 4.27　Comparison of 60° line asymmetrical analysis

由图 4.27 可知，在相同液位高度和铸轧速度的情况下，随着倾斜角度的增大，不对称性增强。

当液位高度分别控制在 70，80，90mm，铸轧速度分别为 8，10，12m/min，倾斜角度分别为 5°，10°，15°情况下，依据不对称分析模型（式 4.22），计算出不同工艺参数情况下 30°线上温度场的平均误差。与此类似，也可计算出不同工艺参数情况下 30°线上速度标量的平均误差，计算结果如表 4.4 所示。

表 4.4　30°线不同工艺参数情况下的平均误差

Tab. 4.4　30° line of average error in different technology parameters

30°线原始数据		T/K			V/(m·s^{-1})		
角度/(°)	速度/(m·min^{-1})	70mm	80mm	90mm	70mm	80mm	90mm
	8	12.10525	27.439	20.95614286	0.00463118	0.015328248	0.007308669
5	10	6.180541667	11.32611111	16.1995	0.01817374	0.026373411	0.015861312
	12	13.74170833	14.24872222	19.84028571	0.024197734	0.035489449	0.019876264

续表 4.4

30°线原始数据		T/K			V/(m·s^{-1})		
角度/(°)	速度/(m·min^{-1})	70mm	80mm	90mm	70mm	80mm	90mm
10	8	13.90606667	16.46405	8.743611111	0.01016609	0.019729582	0.00571609
	10	15.00253333	21.43375	33.72775	0.021631687	0.022290456	0.024469799
	12	9.399266667	19.81255	19.93441667	0.01625784	0.043026445	0.038057958
15	8		10.86277778	24.71766667		0.003530214	0.002536667
	10		12.16011111	10.69116667		0.004811184	0.006432383
	12		8.595666667	6.238833333		0.016398278	0.014627517

表 4.5 为 30°标记线的不对称性数据归一化的结果。

表 4.5　　归一化的 30°线不同工艺参数情况下的平均误差

Tab. 4.5　Normalization 30° line of average error in different technology parameters

30°线归一化		T/K			T/K			$0.5T+0.5V$		
角度/(°)	速度/(m·min^{-1})	70mm	80mm	90mm	70mm	80mm	90mm	70mm	80mm	90mm
5	8	0.4	0.8	0.6	0.1	0.4	0.2	0.2	0.6	0.4
	10	0.2	0.3	0.5	0.4	0.6	0.4	0.3	0.5	0.4
	12	0.4	0.4	0.6	0.6	0.8	0.5	0.5	0.6	0.5
10	8	0.4	0.5	0.3	0.2	0.5	0.1	0.3	0.5	0.2
	10	0.4	0.6	1.0	0.5	0.5	0.6	0.5	0.6	0.8
	12	0.3	0.6	0.6	0.4	1.0	0.9	0.3	0.8	0.7
15	8		0.3	0.7		0.1	0.1		0.2	0.4
	10		0.4	0.3		0.1	0.1		0.2	0.2
	12		0.3	0.2		0.4	0.3		0.3	0.3

60°标记线在熔池液位的上半部分，该位置的固相区、液相区界限明显，具有一定的实际参考意义，体现在熔池内部熔液的凝固情况。如表 4.3 所示的($0.5T+0.5V$)列表示的数据结果为最后的不对称值，当倾斜角度为 10°时，铸轧速度为 10，12mm/min 时熔池内部的不对称性最为明显，这与温度场结果中的高温熔液偏聚在固定辊侧的模拟结果相同。对比整个表格，可以看出，将高温液相区控制在接近熔池中心位置的工艺参数条件下，能够得到相对对称的熔池凝固区域。

4.7 工艺参数调整对熔池内流场和温度场不对称性影响

4.7.1 水口位置对熔池内流场和温度场的影响

对于倾斜铸轧工艺来说，当熔池变为非对称形式，浇铸的熔液在熔池内的流动就会发生改变，因此水口的位置需要重新设定。不同位置的水口会对熔池入口处的熔液流动方向有一定的影响，当熔池形状发生改变时，自身的集合特征点也发生偏移。传统的立式铸轧中的水口位置是在轴对称线、液面中线、出板垂线的重合交点上，当两辊之间发生小角度偏移，水口的位置也应该进行调整。

以铸轧薄板的出口为参照，整个熔池为框架，按照出口对应的几何特征点，选取了三种水口位置，分别为图 4.28(a)中所示薄板的轴对称线与液面的交点，图 4.28(b)中所示液面中线与液面的交点(上述研究的模拟参数)，图 4.28(c)中所示出板垂线与液面的交点。选择这几个点的原因是可以改进工艺的操作性，更易于找到实际的浇铸位置。只通过改变不同的浇铸位置，简单分析选择模拟结果最为明显的一组数据，控制其他参数变量如下：浇注温度为 973K，倾斜角度为 5°，液面高度为 90mm，铸轧速度为 12m/min，则不同浇铸水口位置的温度场模拟结果如图 4.29 所示。

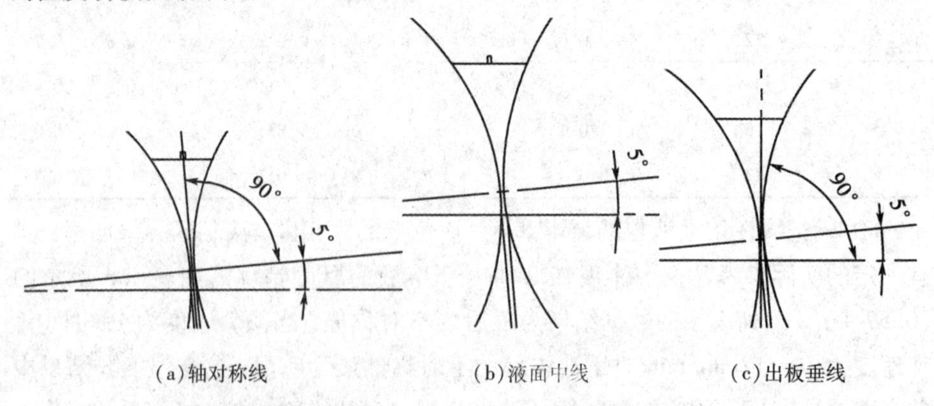

(a)轴对称线　　(b)液面中线　　(c)出板垂线

图 4.28　水口位置示意图

Fig. 4.28　Sketch of different input position

从轴对称位置、中点位置到垂线交点位置的移动过程中，水口从中心移到了单侧，液相区也随之偏移，固液相界面发生偏移，同时薄板两侧出现非对称凝固现象。要避免这种非对称凝固的发生，需要将水口位置设定在相对参照的中心位置，改善熔池不均匀的几何形状造成的凝固区偏移。

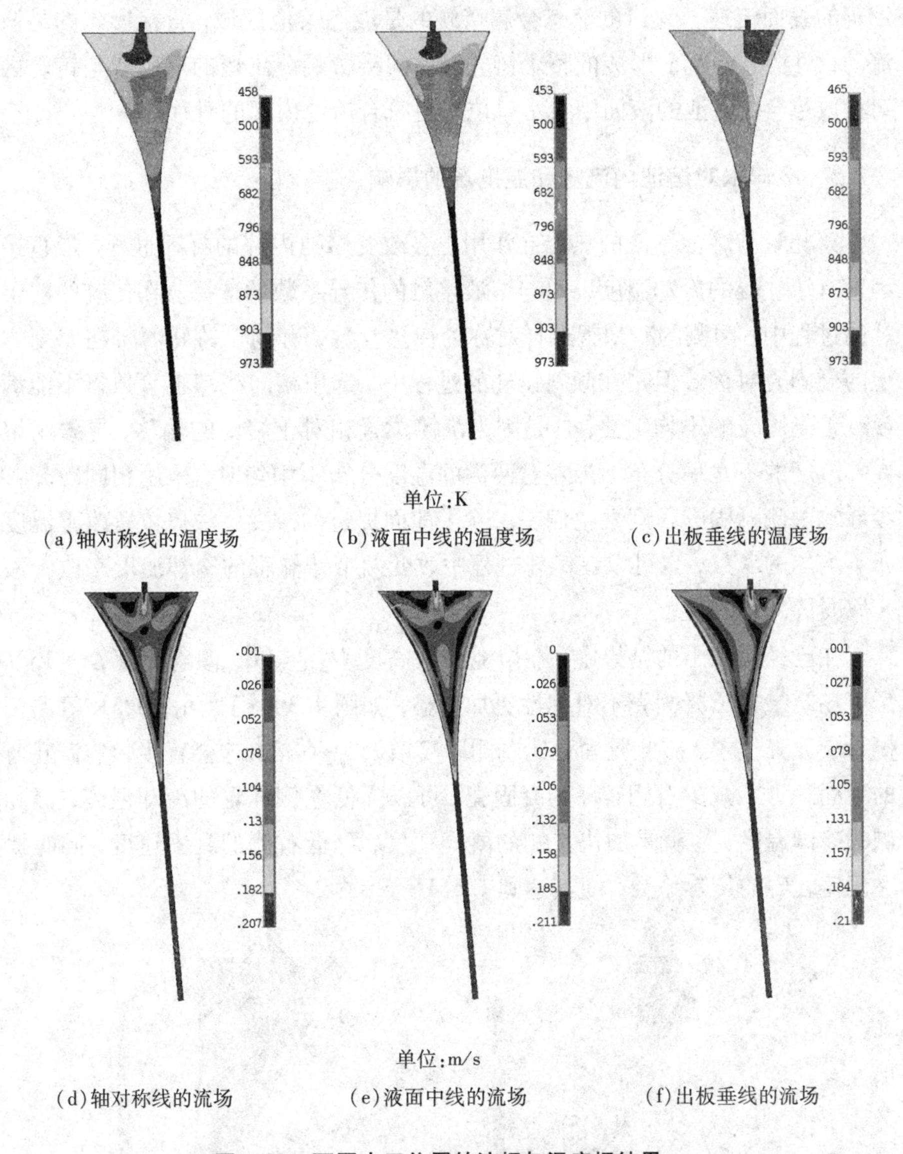

(a)轴对称线的温度场　(b)液面中线的温度场　(c)出板垂线的温度场

(d)轴对称线的流场　(e)液面中线的流场　(f)出板垂线的流场

图 4. 29　不同水口位置的流场与温度场结果

Fig. 4. 29　Flow and temperature field at different input positions

参照对称线、中线两种交点的水口位置，图 4. 29(a)和图 4. 29(b)中的液相区、固相区在熔池两侧的几何对称性相似。此时中线交点与对称线交点的几何坐标差较小，对熔池内的温度场分布没有造成太大影响。但是通过图 4. 29(d)和图 4. 29(e)的速度结果可以看出，对称线交点位置的低速湍流的左右旋涡区域不一致，而中线交点处的湍流区域左右一致性更高。这是因为在合适的浇铸速度下，入口的熔液没有对液相区造成深冲作用，没有影响到更接近于左侧固定辊的表面流速。入口的液态金属接触的是液态熔池区域，直接影响的是该区流动，对实际的辊面形成的整个铸轧区是间接影响。出板的对称线与铸轧区的对称线重合，熔池的液面中线水口位置更符合熔池内部的对称。

4.7.2 冷却水对熔池内流场和温度场的影响

铸轧辊与熔池熔液的热传导作用也会改变熔池内部的凝固过程，最直接的因素有铸轧辊的冷却温度以及与熔液接触的传导系数的选择。在传统的双辊铸轧的过程中，两侧的冷却辊选择对称的传热参数，有利于铸轧薄带在厚度方向上的凝固壳对称。但是在倾斜铸轧的过程中，选用相同冷却辊参数将不能满足或改善凝固壳的不均匀性，这是因为浇铸位置相对于熔池的偏移，导致了熔池内部温度的不对称分布。当左右两侧的温度分布不均匀时，采用相同冷却参数会导致两侧凝固的程度发生偏差。除了前面提过的改变浇注口位置改善温度分布不均匀的现象，也可以在铸轧过程中改变两个铸轧辊的冷却温度来改善液态金属凝固的均匀性。

在已经模拟出的结果中，在熔池液位高度 $H_{pool}=90$，倾斜角度 $\beta=15°$时，温度场结果显示凝固壳不对称性更加明显，如图4.30(c)所示，873K等温线外侧为凝固壳位置，右侧凝固壳比左侧厚度增大5~6倍，这会直接影响铸轧薄带的凝固。为了减少右侧较厚的凝固壳，可以降低左侧轧辊的冷却温度，提高右侧的冷却温度，也就是加快左侧的凝固速度，降低右侧的凝固速度，同时提高左侧铸轧辊的传热系数，使其达到1.5:1。

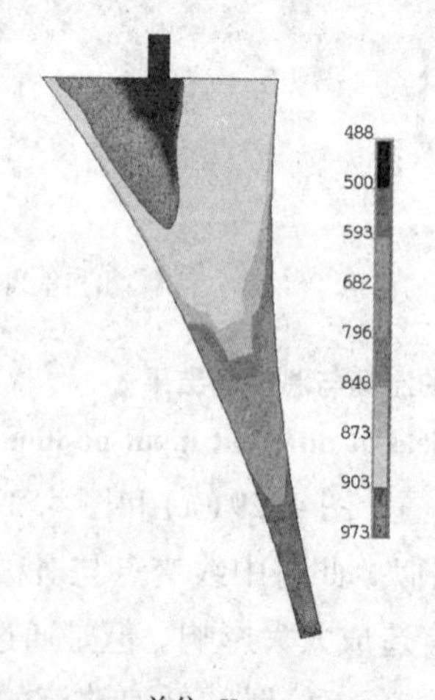

(a)温度场(传热系数1.5:1)

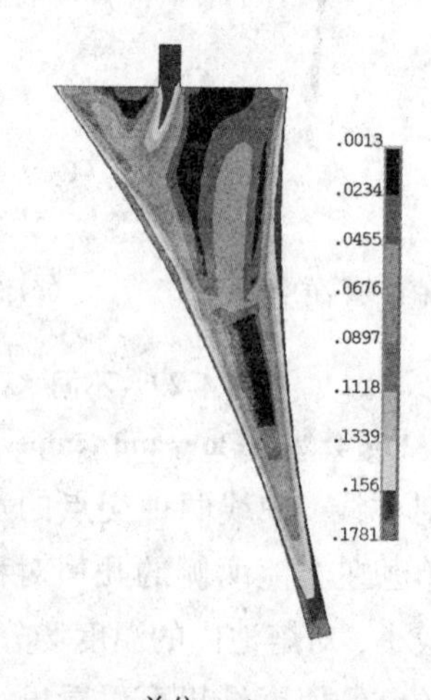

(b)流场(传热系数1.5:1)

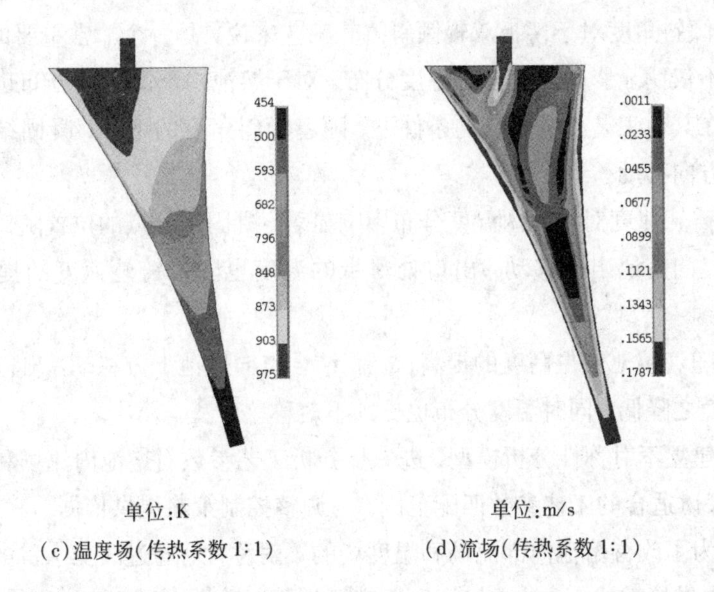

(c)温度场(传热系数 1:1)　　(d)流场(传热系数 1:1)

图 4.30　当倾斜角度 $\beta=15°$，熔池液位高度 $H_{pool}=90mm$ 时不同冷却条件下流动与温度场结果

Fig. 4.30　Flow and temperature field of different cooling parameter at $\beta=15°$, $H_{pool}=90mm$

在此铸轧条件设定下，得到图 4.30(a)的温度场和图 4.30(b)的流场结果，改变冷却参数后的结果如图 4.30(c)、(d)所示。对比图 4.30(a)、(c)，可以明显看出 873K 的凝固线向下移动，在轧制区域的轮廓沿着出板轴线相对称，虽然液态高温区仍然发生偏移，但是冷却参数的改变使得液态金属在熔池内部的流动过程中均化了凝固程度，提高了凝固壳形成的对称性。从图 4.30(b)和图 4.30(d)的流场结果中可以看出冷却速度对流体的运动没有太大的影响。可知，优化冷却参数直接改变的还是金属与铸轧辊之间的传热问题，通过模拟结果可以表明冷却辊对熔池内部的凝固影响很明显。

4.8　本章小结

① 应用广义流体的思想，建立了适用于立式双辊倾斜铸轧过程的熔池内部宏观传输统一控制方程，应用有限元方法，成功实现了对倾斜铸轧过程熔池内部的流热耦合模拟，获得了不同工艺条件下熔池内部的温度场及流场数据，为优化工艺和有效控制提供了基础数据。

② 倾斜角度为 10°与立式铸轧相比，铸轧速度越低，温度场和流场的不对称性越明显，随着铸轧速度的增加，温度场和流场的不对称性有所改善。

③ 倾斜角度对于薄板双辊倾斜铸轧工艺来说，是一个非常重要的参数，它的变化不仅明显影响熔池内的温度分布，对于熔池内部的速度分布也有重要的影响。在其他工艺参数不变的条件下，随着倾斜角度的增加，凝固结合点向熔池出口方向移动。

④ 铸轧速度对熔池内温度分布影响显著，凝固结合点的位置随铸轧速度的提高明显向熔池出口移动，出口处薄带的温度也随着铸轧速度的提高明显提升。

⑤ 随着熔池液位高度的提高，凝固结合点向熔池上方移动，出口处薄带的温度也随之降低，同时温度分布也更加不对称。

⑥ 建立不对称性分析模型，进一步分析工艺参数对熔池内流场和温度场的影响，探讨适合的工艺参数匹配范围，为调整控制策略提供依据。

⑦ 为了改善熔池内部流场和温度场的不对称性，通过改变水口的位置，调整冷却水供给方式，熔池内流场和温度场的不对称性有所改善。

第 5 章 双辊倾斜铸轧熔池液位自适应模糊控制

5.1 引言

熔池液位控制在双辊铸轧过程中至关重要，幅度较大的熔池液位波动会直接影响金属薄板的表面质量，改变其微观组织结构。熔池液位与辊缝、铸轧力等关键参数具有强耦合关系，如果不能有效、稳定地控制熔池液位，就无法实现双辊铸轧的控制目标。也正因为如此，双辊铸轧系统的熔池液位控制得到了广泛研究，一些研究成果得到应用[38, 51, 56, 113-118]。在双辊倾斜铸轧过程中，熔池液位控制仍然至关重要，然而，熔池形状发生变化，而且随着倾斜角度增大，不对称性更加明显，熔池液位控制更加复杂。基于以上问题，在第 3 章建立的双辊倾斜铸轧熔池液位模型基础上，通过使用模糊逼近技术和隐函数定理，针对双辊倾斜铸轧过程中的熔池液位高度变化，设计了一种新的自适应模糊跟踪控制器，以实现闭环系统输出渐近跟踪到期望的液位高度，最后利用仿真验证了本熔池液位模糊控制器的有效性。

5.2 双辊倾斜铸轧熔池液位问题描述

本专著第 3 章中介绍了如图 5.1 所示的双辊倾斜铸轧系统示意图。

双辊倾斜铸轧熔池液位的数学模型见式(3.8)。

由式(3.8)可知，塞棒高度 h_s，辊速 ω，辊缝 G，倾斜角度 β 等四个参数耦合在一起，均直接影响熔池液位的稳定。

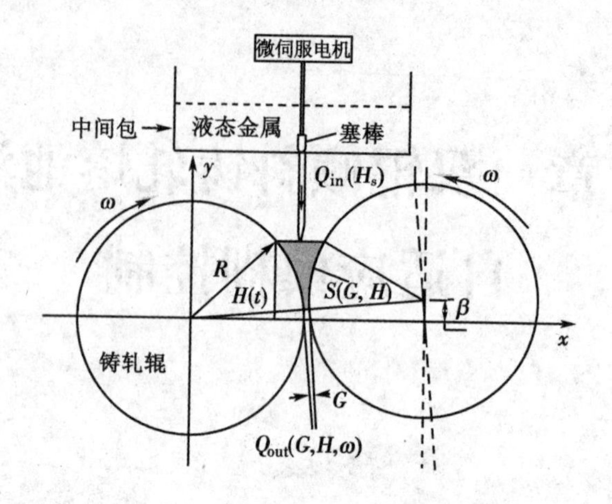

图 5.1　双辊倾斜铸轧系统示意图

Fig. 5.1　Schematic view of the twin-roll inclined casting

针对动态模型(式 3.8)，熔池液位高度变化的动态模型可描述如下：

$$\frac{dH}{dt} = K^{-1}(G,\ H,\ \beta)L^{-1}\left\{ah_s(b - ch_s) - LG\omega R - L\left[H\cos\beta - (2R + G)\cos\beta\sin\beta + \sin\beta\sqrt{R^2 - \left(R + \frac{G}{2}\right)^2\sin^2\beta}\right]\frac{dG}{dt}\right\} \tag{5.1}$$

式中：H——熔池液位高度；

L——轧辊宽度；

h_s——塞棒高度；

v——轧辊表面切线速度。

$K^{-1}(G,\ H,\ \beta)$ 表示 $\frac{1}{K(G,\ H,\ \beta)}$，$K(G,\ H,\ \beta) = (2R + G)\cos\beta - \sqrt{R^2 - [H - (2R + G)\sin\beta]^2} - \sqrt{R^2 - H^2}$，其中，$R$ 为轧辊半径。

进一步，通过引入坐标变换 $x_1 = H$，$x_2 = \frac{dH}{dt}$，$u = h_s$，应用牛顿第二定律，式(5.1)可以转化为下面的单入单出非仿射非线性系统：

$$\begin{aligned}\dot{x}_1 &= x_2 \\ \dot{x}_2 &= f(x,\ G,\ \dot{G},\ \ddot{G},\ \beta,\ u)\end{aligned} \tag{5.2}$$

式中：$x = [x_1,\ x_2]^T$ 代表状态变量，$f(x,\ G,\ \dot{G},\ \ddot{G},\ \beta,\ u)$ 是未知的光滑的非仿射非线性函数。

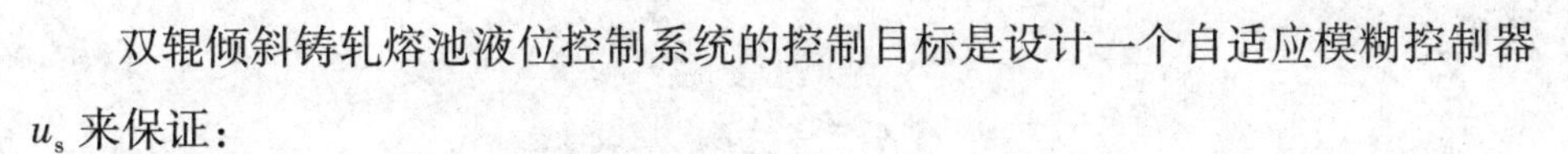

双辊倾斜铸轧熔池液位控制系统的控制目标是设计一个自适应模糊控制器 u_s 来保证：

① 所有的闭环误差信号是一致有界的；

② 系统输出熔池液位高度 x_1 渐近跟踪到期望的熔池液位高度 y_d。

为实现这个控制目标，对非仿射非线性系统（式 5.2）需要进行必要的假设。

假设 5.1：参考轨迹 y_d 是光滑可测的，它的一阶导数和二阶导数是连续有界的，就是说，存在未知的正的常数 $\bar{d}$、$\bar{\dot{d}}$ 和 $\bar{\ddot{d}}$ 分别满足 $|y_d(t)| \leqslant \bar{d}$，$|\dot{y}_d(t)| \leqslant \bar{\dot{d}}$ 和 $|\ddot{y}_d| \leqslant \bar{\ddot{d}}$。

假设 5.2：对于一个给定的紧集 Ω_0，存在正常数 F_1 和 F_2 满足下列不等式：

$$0 < F_1 \leqslant \frac{\partial f(x,\, u)}{\partial u} \leqslant F_2,\ \forall (x,\, u) \in \Omega_0 \tag{5.3}$$

与 Tong S 等人的研究[29,119-125]相似，给出以下模糊逼近引理：

引理 5.1：设 $F(X)$ 为紧集 Ω_X 上的连续函数，对任意给定的正数 ε，存在模糊逻辑系统 $Y(X)$ 满足：

$$\sup_{X \in \Omega_X} |F(X) - Y(X)| = |F(X) - \theta^{\mathrm{T}}\xi(X)| < \varepsilon \tag{5.4}$$

相应地，模糊逻辑系统的最优参数向量 θ^* 定义为：

$$\theta^* = \arg\min_{\theta \in \Omega_\theta}\{\sup_{X \in \Omega_X} |F(X) - \theta^{\mathrm{T}}\xi(X)|\} \tag{5.5}$$

式中：Ω_θ 和 Ω_X 分别为 θ 和 X 的紧集，模糊的近似误差 $\delta^*(X)$ 满足

$$F(X) = \theta^{*\mathrm{T}}\xi(X) + \delta^*(X),\ \forall X \in \Omega_X,\ \theta^* \in \Omega_\theta \tag{5.6}$$

5.3 自适应模糊控制器设计及稳定性分析

5.3.1 自适应模糊控制器设计

为建立自适应模糊渐近跟踪控制方案，设跟踪误差 $e = x - x_d$，关于 t 求导得：

$$\dot{e} = Ae + B[\tau u_s + F(x,\, G,\, \dot{G},\, \ddot{G},\, \beta,\, u) - \ddot{y}_d] \tag{5.7}$$

其中:

$$e = x - x_d$$

$$x_d = [y_d, \dot{y}_d]T, F(x, G, \dot{G}, \ddot{G}, \beta, u) = f(x, G, \dot{G}, \ddot{G}, \beta, u) - \tau u$$

$$\boldsymbol{A} = \begin{bmatrix} 0 & 1 \\ 0 & 0 \end{bmatrix}, \boldsymbol{B} = \begin{bmatrix} 0 \\ 1 \end{bmatrix} \tag{5.8}$$

由式(5.8)可知，通过近似地选择一个增益向量 $\boldsymbol{L}$，可以保证 $\boldsymbol{A} + \boldsymbol{BL}$ 是一个稳定的 Hurwitz 矩阵。进一步，存在 $\boldsymbol{P} = \boldsymbol{P}^{\mathrm{T}} > 0$，使得对任何给定的 $\boldsymbol{Q} = \boldsymbol{Q}^{\mathrm{T}} > 0$，Lyapunov 方程 $(\boldsymbol{A} + \boldsymbol{BL})^{\mathrm{T}}\boldsymbol{P} + \boldsymbol{P}(\boldsymbol{A} + \boldsymbol{BL}) = -\boldsymbol{Q}$ 成立。同时，由假设 5.2，对 $f(X, u)$ 使用中值定理可以得到 $F(X, u) = F(X, 0) + \frac{\partial F(X, u_\lambda)}{\partial u}u$，其中 $X = [x, G, \dot{G}, \ddot{G}, \beta]^{\mathrm{T}}$，$u_\lambda = \lambda u$，$0 < \lambda < 1$。

另外，根据模糊逻辑系统(fuzzy logic system, FLS)，由式(5.6)可以得到

$$\begin{aligned} F(X, u) &= F(X, 0) + \frac{\partial F(X, u_\lambda)}{\partial u}u \\ &= ku + \Gamma(X, u) \\ &= ku + \theta^{*\mathrm{T}}\xi(X) + \delta^*(X), \ \forall X \in \Omega_X \end{aligned} \tag{5.9}$$

式中：$\Gamma(X, u) = \left(\frac{\partial f(X, u_\lambda)}{\partial u} - k\right)u + f(X, 0)$，$k$ 是一个正的设计参数。近似误差 $\delta^*(X)$ 满足 $|\delta^*(X)| \leqslant \delta^*$，$\delta^*$ 为任意小的正常数，Ω_X 为一个合适的紧集。由假设 5.1，令 $M^* = \sup_{t \geqslant 0}(|\ddot{y}_d(t)| + \delta^*)$，其中 M^* 为一个未知的上限边界，相应地，所设计的自适应模糊控制器如下：

$$u = (k + \tau)^{-1}\left(Le - \hat{\theta}^{\mathrm{T}}\xi(X) - \frac{2\hat{M}^2 B^{\mathrm{T}}Pe}{|e^{\mathrm{T}}PB|\hat{M} + \rho(t)}\right) \tag{5.10}$$

随着相应的参数更新规则：

$$\begin{aligned} \hat{\theta} &= -\Sigma\rho\theta + \Sigma e^{\mathrm{T}}PB\xi(X), \\ \hat{M} &= -\gamma\rho M + 2\gamma|B^{\mathrm{T}}Pe| \end{aligned} \tag{5.11}$$

式中：$\hat{\theta}$ 和 $\hat{M}$ 分别为 θ^* 和 M^* 的估计值，$\Sigma = \Sigma^{\mathrm{T}} > 0$ 和 γ 是正的设计参数。此

外，连续函数$\rho(t)$满足$\rho(t)>0$，$\int_0^t \rho(\tau)\mathrm{d}\tau \leqslant \bar{\rho}<\infty$，$\forall t \geqslant 0$，$\bar{\rho}$为一个正常数。

5.3.2　稳定性分析

下列定理给出了闭环系统的稳定性结果：

定理5.1：若熔池液位控制系统(5.2)满足假设5.1和5.2，所设计的自适应模糊控制器(5.10)和参数更新律(5.11)可以保证闭环系统的跟踪误差$e(t)$渐进收敛于0，即

$$\lim_{t\to\infty} e(t)=0,\ \forall X \in \Omega_X \tag{5.12}$$

式中：$X=[x, G, \dot{G}, \ddot{G}, \beta]^{\mathrm{T}}$，$\Omega_X$为一个合适的紧集。

证明：定义李雅普诺夫函数

$$V(e, \tilde{\theta}, \tilde{M})=e^{\mathrm{T}}Pe+\frac{1}{2}\gamma^{-1}\tilde{M}^2+\frac{1}{2}\tilde{\theta}^{\mathrm{T}}\Sigma^{-1}\tilde{\theta} \tag{5.13}$$

式中：$\tilde{M}=\hat{M}-M^*$和$\tilde{\theta}=\hat{\theta}-\theta^*$为参数估计误差。对$V$取导数得：

$$\begin{aligned}\dot{V}&=e\dot{e}+\gamma^{-1}\tilde{M}\dot{\tilde{M}}+\tilde{\theta}^{\mathrm{T}}\Sigma^{-1}\dot{\tilde{\theta}}\\&=2e^{\mathrm{T}}P(Ae+B(\tau u+F(X,u)-\ddot{y}_d))+\gamma^{-1}\tilde{M}\dot{\tilde{M}}+\tilde{\theta}^{\mathrm{T}}\Sigma^{-1}\dot{\tilde{\theta}}\end{aligned} \tag{5.14}$$

根据式(5.9)，将式(5.10)带入式(5.14)可得：

$$\begin{aligned}\dot{V}&=2e^{\mathrm{T}}P\{Ae+B[(k+\tau)u+\theta^{*\mathrm{T}}\xi(X)+\delta^*(X)]\}+\gamma^{-1}\tilde{M}\dot{\tilde{M}}+\tilde{\theta}^{\mathrm{T}}\Sigma^{-1}\dot{\tilde{\theta}}\\&\leqslant -e^{\mathrm{T}}Qe-2e^{\mathrm{T}}PB\tilde{\theta}^{\mathrm{T}}\xi(X)+2|e^{\mathrm{T}}PB|M^*+\gamma^{-1}\tilde{M}\dot{\tilde{M}}+\tilde{\theta}^{\mathrm{T}}\Sigma^{-1}\dot{\tilde{\theta}}\end{aligned} \tag{5.15}$$

根据自适应控制律(5.11)和三角形不等式，式(5.15)变为：

$$\begin{aligned}\dot{V}&\leqslant -e^{\mathrm{T}}Qe-\frac{2\hat{M}^2\ |e^{\mathrm{T}}PB|^2}{|e^{\mathrm{T}}PB|\hat{M}+\rho(t)}+2|e^{\mathrm{T}}PB|\hat{M}-\rho\tilde{M}\hat{M}-\rho\tilde{\theta}^{\mathrm{T}}\hat{\theta}\\&\leqslant -e^{\mathrm{T}}Qe+2\rho+\frac{1}{2}\rho M^{*2}+\frac{1}{2}\rho\|\theta^*\|^2\leqslant -e^{\mathrm{T}}Qe+\rho\eta^*\end{aligned} \tag{5.16}$$

式中：$\eta^*=\frac{1}{2}M^{*2}+\frac{1}{2}\|\theta^*\|^2+2$。对于式(5.16)，两端同时从0到$t$积分得

到：

$$V(t) + \int_0^t e^{\mathrm{T}}(\tau) Q e(\tau) \mathrm{d}\tau \leqslant V|_{t=0} + \bar{\rho}\eta^* \tag{5.17}$$

这意味着 $\int_0^t e^{\mathrm{T}}(\tau) e(\tau) \mathrm{d}\tau \leqslant \{\lambda_{\min}(Q)\}^{-1}(V|_{t=0} + \bar{\rho}\eta^*)$，其中，$\lambda_{\min}(Q)$ 表示矩阵 Q 的最小特征值。此外，通过使用 Barbalat 引理[10]可以推出 $e \in L_2$ 和 $\lim_{t\to\infty} e(t) = 0$ 成立，定理证毕。

5.4 仿真研究

考虑 Zhang W Y[51]等给出的双辊铸轧熔池液位控制系统的数学模型，相应的系统参数为：$R = 150$ mm，$L = 200$ mm，$v = 10$ mpm，此外，理想的辊缝开度设定为 3 mm，初始熔池液位高度设定为 70 mm，参考信号选为 $\sin(t) + \cos(0.5t)$。另外，模糊隶属度函数选为：

$$\begin{cases} \mu_{F_j^1} = \exp\left(-\dfrac{(X_j + 1.5)^2}{2}\right), \mu_{F_j^2} = \exp\left(-\dfrac{(X_j + 1)^2}{2}\right) \\ \mu_{F_j^3} = \exp\left(-\dfrac{(X_j + 0.5)^2}{2}\right), \mu_{F_j^4} = \exp\left(-\dfrac{X_j^2}{2}\right) \\ \mu_{F_j^5} = \exp\left(-\dfrac{(X_j - 0.5)^2}{2}\right), \mu_{F_j^6} = \exp\left(-\dfrac{(X_j - 1)^2}{2}\right) \\ \mu_{F_j^7} = \exp\left(-\dfrac{(X_j - 1.5)^2}{2}\right), j = 1, 2, \cdots, n \end{cases} \tag{5.18}$$

定义模糊基函数为：

$$\phi_i(X) = \frac{\prod_{j=1}^{n} \mu_{F_j^i}(X_j)}{\sum_{i=1}^{7}\left(\prod_{j=1}^{n} \mu_{F_j^i}(X_j)\right)}, i = 1, 2, \cdots, 7 \tag{5.19}$$

式中：$X = [X_1, X_2, \cdots, X_n]^{\mathrm{T}}$。

仿真参数选择 $\tau = 6$，$k = 2$，$\gamma = 0.1$，$\sum = \begin{bmatrix} 10 & 0 \\ 0 & 10 \end{bmatrix}$，$\rho(t) = 5\mathrm{e}^{-0.1t}$，初始值为 $x(0) = [0.07, 0.8]^{\mathrm{T}}$，$\hat{\theta}(0) = [0, 1, 0, 1, 0, 1, 0]^{\mathrm{T}}$，$\hat{M}(0) = 10$。选取 $\boldsymbol{Q} = \begin{bmatrix} 2 & 1 \\ 1 & 2 \end{bmatrix} > 0$，从 $(\boldsymbol{A} + \boldsymbol{BL})^{\mathrm{T}}\boldsymbol{P} + \boldsymbol{P}(\boldsymbol{A} + \boldsymbol{BL}) = -\boldsymbol{Q}$ 中可以得到 $\boldsymbol{P} =$

$\begin{bmatrix} 2 & 1 \\ 1 & 2 \end{bmatrix}$。仿真结果如图 5.2 ~ 图 5.6 所示。

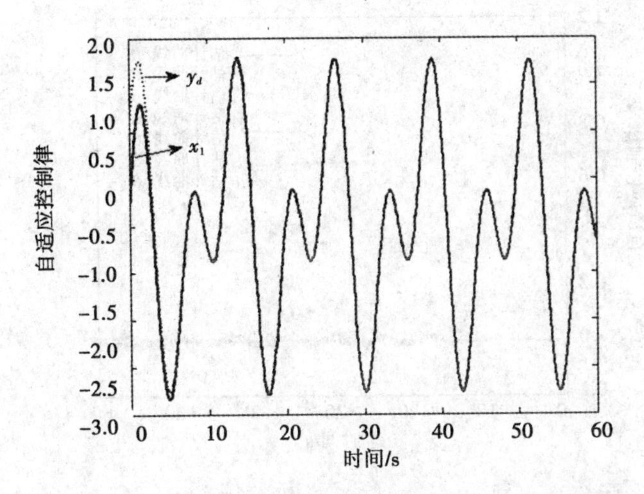

图 5.2　系统状态 x_1（熔池液位高度）和期望液位高度 y_d

Fig. 5.2　Trajectories of the system state x_1 and the desired reference signal y_d

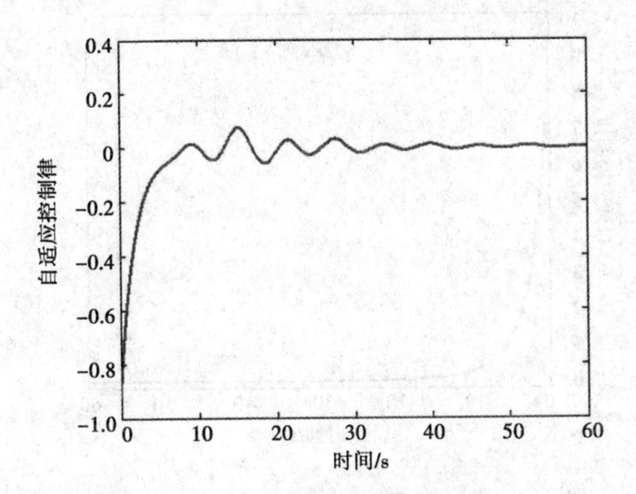

图 5.3　状态跟踪误差 e_1 轨迹

Fig. 5.3　Trajectories of the state tracking error e_1

由图 5.2 和图 5.3 可知，系统状态 x_1 可以渐近地跟踪到参考信号 y_d，熔池液位高度的状态跟踪误差 e_1 渐近地趋近于 0。

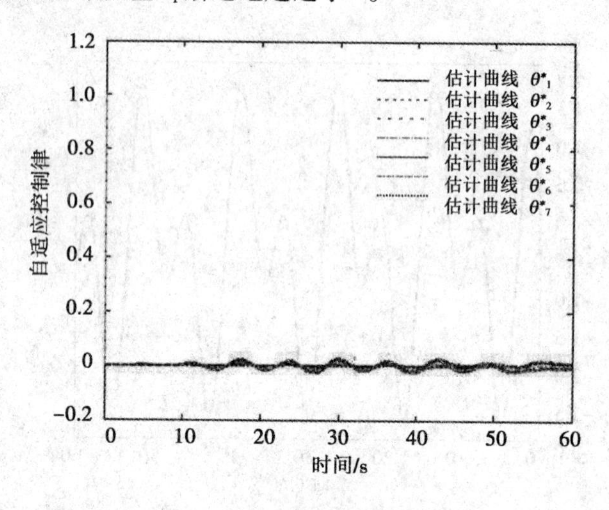

图 5.4　$\hat{\theta}$ 响应曲线

Fig. 5.4　The response curves of $\hat{\theta}$

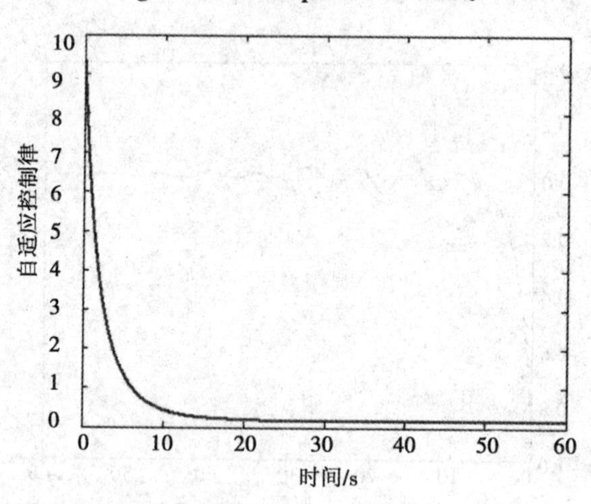

图 5.5　$\hat{M}$ 响应曲线

Fig. 5.5　The response curves of $\hat{M}$

由图 5.4 ~ 图 5.6 可知，估计曲线 $\hat{\theta}$、$\hat{M}$ 和控制信号 u 是有界的，在这些动态曲线驱动下可以实现期望的控制目标。

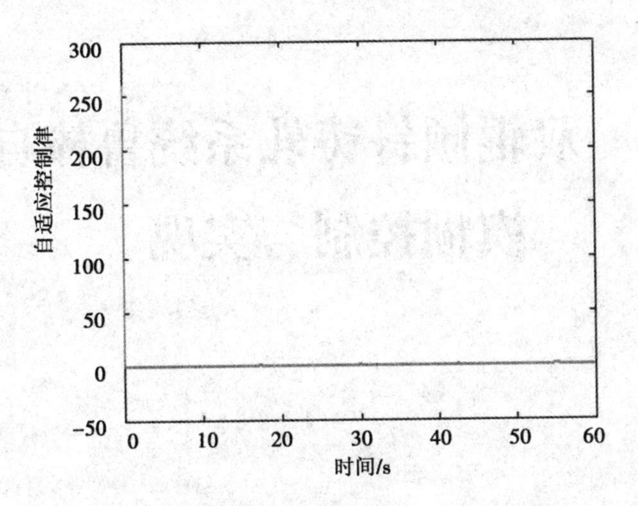

图 5.6　控制信号 u（塞棒高度）的响应曲线

Fig. 5.6　The respond curve of the control signal u

5.5　本章小结

本章研究的是关于双辊倾斜铸轧中熔池液位高度的自适应模糊跟踪控制问题，基于模糊逼近技术，提出了一种新的自适应模糊跟踪控制方案。利用中值定理来处理非仿射非线性系统，构建了参数回归向量的自适应律。此外，通过使用设计的自适应模糊控制器并借助于李雅普诺夫稳定性分析，证明了所有闭环信号是有界的，熔池液位高度的状态跟踪误差能够渐近地收敛。仿真结果验证了所提出的自适应控制方法的有效性。

第6章　双辊倾斜铸轧系统鲁棒自适应模糊控制与实现

6.1　引言

双辊倾斜铸轧具有非线性、大时滞、强干扰和强耦合等特征[113, 126]，因此，如何对辊缝与熔池液位高度有效控制来保证板材质量是非常重要的研究课题。双辊铸轧系统的建模和控制问题得到了广泛关注和研究[38, 39, 45, 51, 53-55, 127]。应该指出，关于非线性系统的大部分结果，参数不确定性和扰动满足 Zhang Z Q 等[56, 57]所用到的匹配条件。此外，上述控制方法需要系统的所有的状态是可测的。因此，它们不能应用到具有不可测量状态的非仿射非线性系统中。特别是对双辊倾斜铸轧中的辊缝控制和熔池液位高度控制，很难使用合适的传感器来测量辊缝和熔池液位高度的变化率。Wu L B 等[58]基于自适应模糊滤波跟踪控制方法，研究了一类有不对称死区输入不确定非仿射非线性系统的输出跟踪控制问题。然而，论文中所提方法只能处理单输入单输出非仿射非线性系统，而不能处理带有复杂耦合特征的多输入多输出系统。针对非仿射非线性铸轧系统而言，如何利用输出反馈模式设计自适应模糊跟踪控制策略，非常具有理论意义和实用价值。

本章通过建立滤波跟踪误差动态面，所设计的输出反馈控制器保证了双辊铸轧闭环系统达到期望的控制目标。本章的鲁棒自适应模糊跟踪控制主要研究以下内容：① 通过使用模糊逻辑系统逼近复合非线性函数，设计一种新的带有自适应律的模糊跟踪控制器。② 为处理非仿射耦合，借助于隐函数定理和中值定理可以保证多输入多输出非仿射非线性系统能够转换成相应的仿射非线性系统。③ 通过使用高增益观测器来设计自适应机制，非线性参数的不确定性和外部扰动的影响可以得到有效抑制。进一步，通过李雅普诺夫稳定性分析和仿真实验，辊缝和熔池液位高度的输出跟踪误差能够收敛到理想控制范围。④ 使用双辊倾斜铸轧系统进行铸轧实验，验证模型的适用性。

6.2　板带铸轧工艺系统模型

6.2.1　熔池液位方程

双辊倾斜铸轧工艺示意图如图 5.1 所示，熔池液位高度数学模型动态方程如式(3.8)所示。

为方便，设 $F(G, H, \beta) = L\{(2R+G)\cos\beta - \sqrt{R^2 - [H-(2R+G)\sin\beta]^2} - \sqrt{R^2 - H^2}\}$。

金属流入量 Q_{in} 是中间包塞棒高度 h_s 的非线性函数，即 $Q_{in} = ah_s(b - ch_s)$，其中，a = 0.2466 π，b = 0.01585，c = 0.2165。流出量 Q_{out} 可以由铸轧辊表面切速度 v、辊缝 G 和铸轧辊宽度 L 得到，$Q_{out} = LGv$。所以，熔池液位方程可以改写为：

$$\begin{aligned}\frac{\mathrm{d}H}{\mathrm{d}t} = {} & F^{-1}(G, H, \beta)L^{-1}\{ah_s(b - ch_s) - LG\omega R - \\ & L\left[H\cos\beta - (2R+G)\cos\beta\sin\beta + \right. \\ & \left.\sin\beta\sqrt{R^2 - \left(R + \frac{G}{2}\right)^2\sin^2\beta}\ \right]\frac{\mathrm{d}G}{\mathrm{d}t} - LGv - LH\frac{\mathrm{d}G}{\mathrm{d}t}\}\end{aligned} \tag{6.1}$$

通过引入坐标变换，$x_{11} = G$，$x_{12} = \frac{\mathrm{d}G}{\mathrm{d}t}$，$x_{21} = H$，$x_{22} = \frac{\mathrm{d}H}{\mathrm{d}t}$，$u_2 = h_s$，由式(6.1)可得多输入多输出非仿射非线性系统：

$$\begin{aligned}\dot{x}_{i1} &= x_{i2} \\ \dot{x}_{i2} &= f_i(x, u_i) + d_i \\ y_i &= x_{i1},\ i = 1, 2\end{aligned} \tag{6.2}$$

式中：$x = [x_1, x_2]^{\mathrm{T}}$，$x_i = [x_{i1}, x_{i2}]^{\mathrm{T}}$ 为状态变量；

d_i ——未知干扰；

y_i，u_i ——表示第 i 个子系统的系统输出和控制输入；

$f_i(x, u_i)$ ——未知光滑带有电动伺服电动机控制的 u_i 的非仿射非线性函数。

注 6.1：应用牛顿第二定律，得到 $f_1(x, u_1, \beta) = \frac{1}{M}(Ku_1 + Mg\sin\beta - f_M(x) - F)$ ，M 为轧辊的质量，$f_M(x)$ 为黏性阻力，F 为铸轧力的反作用力，K 为控制增益，u_1 为液压控制力。同时，非仿射非线性函数 $f_2(x, u_2, \beta)$ 可以通过式(6.1)推导出来。

双辊倾斜铸轧系统的控制目标是设计一个自适应模糊输出反馈控制器 u_i ，来保证所有闭环误差信号是一致最终有界的，并且保证非仿射非线性闭环系统输出 y_i 在期望的领域内跟踪到参考信号 y_{di} 。为了保证问题的可行性，对非仿射非线性系统(6.2)进行下面必要的假设。

假设 6.1：参考轨迹 y_{di} 是已知的，它具有连续的导函数。也就是说，存在未知的、正的常数 $\bar{d}_i$ ，$\bar{\dot{d}}$ 和 $\bar{\ddot{d}}_i$ ，满足 $|y_{di}(t)| \leqslant \bar{d}_i$ ，$|\dot{y}_{di}(t)| \leqslant \bar{\dot{d}}_i$ ，$|\ddot{y}_{di}(t)| \leqslant \bar{\ddot{d}}_i$。

假设 6.2：对第 i 个子系统(6.2)中所有的 $x \in R^4$ 并且 $u_i \in R$ ，存在正的常数 f_{i1} 和 f_{i2} ，导致如下不等式成立：

$$0 < f_{i1} \leqslant \frac{\partial f_i(x, u_i)}{\partial u_i} \leqslant f_{i2}, \ i = 1, 2 \tag{6.3}$$

假设 6.3：外部干扰 d_i 是有界，即存在未知的正常数 d_i^* ，使得 $|d_i(t)| \leqslant d_i^*$ 。

注 6.2：假设 6.1 和假设 6.3 在大多数关于非线性跟踪控制的参考文献中是很标准的，这意味着外部扰动、参考信号及其导数都是有界的。假设 6.2 用来对第 i 个非仿射非线性系统解耦，意味着控制输入增益的变化率是有界的。

6.2.2 模糊逻辑系统

一般而言，一个模糊逻辑系统由 4 部分组成：知识库、单值模糊产生器、乘积推理和中心平均解模糊器。

首先，按照下述规则构建知识库：

R_i ：如果 X_1 是 F_1^i ，X_n 是 F_n^i

那么，Y 是 B_i ，$i = 1, 2, \cdots, N$ 。

其次，带有单值模糊产生器、乘积推理和中心平均解模糊器的模糊逻辑系统可以表示为：

$$Y(X) = \frac{\sum_{i=1}^{N} \theta_i \prod_{j=1}^{n} \mu_{F_j^i}(X_j)}{\sum_{i=1}^{N} \left(\prod_{j=1}^{n} \mu_{F_j^i}(X_j) \right)} \tag{6.4}$$

式中：$X = [X_1, X_2, \cdots, X_n]^{\mathrm{T}} \in R^n$，$\mu_{F_j^i}$ 是 F_j^i 的隶属度函数，$\theta_i = \max_{Y \in R}\{\mu_{B_i}(Y)\}$。假设：

$$\phi_i(X) = \frac{\prod_{j=1}^{n} \mu_{F_j^i}(X_j)}{\sum_{i=1}^{N} \left(\prod_{j=1}^{n} \mu_{F_j^i}(X_j) \right)},\ i = 1, 2, \cdots, N \tag{6.5}$$

$\phi(X) = [\phi_1(X), \phi_2(X), \cdots, \phi_N(X)]^{\mathrm{T}}$，$\theta = [\theta_1, \theta_2, \cdots, \theta_N]^{\mathrm{T}}$。因此，模糊逻辑系统可以被改写成如下形式：

$$Y(X) = \theta^{\mathrm{T}} \phi(X) \tag{6.6}$$

注6.3：$F(X)$ 为定义在紧集 Ω_X 上的连续函数，然后，对于任意给定的常数 $\varepsilon > 0$，都有形式为式(6.7)的模糊逻辑系统 $Y(X)$：

$$\sup_{X \in \Omega_X} |F(X) - Y(X)| = |F(X) - \theta^{\mathrm{T}} \phi(X)| < \varepsilon \tag{6.7}$$

模糊逻辑系统的最优参数向量 θ^* 定义为：

$$\theta^* = \arg \min_{\theta \in \Omega_\theta} \{ \sup_{X \in \Omega_X} |F(X) - \theta^{\mathrm{T}} \phi(X)| \} \tag{6.8}$$

式中：Ω_θ 和 Ω_X 分别为 θ 和 X 的紧集。此外，从注6.3可知，模糊近似误差 $\delta^*(X)$ 定义为：

$$F(X) = \theta^{*\mathrm{T}} \phi(X) + \delta^*(X),\ \forall X \in \Omega \subset R^n \tag{6.9}$$

6.3 自适应控制器设计和稳定性分析

6.3.1 自适应控制器设计

本节提出一个基于输出变量的自适应模糊控制方案。所以，为了设计自适应模糊输出跟踪控制器，引入如下高增益观测器：

注6.4：考虑下面的线性系统

$$\begin{aligned} \varepsilon_i \dot{z}_{i1} &= z_{i2}, \\ \varepsilon_i \dot{z}_{i2} &= -\mu_{i1} z_{i2} - z_{i1} + y_i,\ i = 1, 2 \end{aligned} \tag{6.10}$$

式中：$\varepsilon_i > 0$，是一个足够小的常数，选择合适的参数 μ_{i1}，使得 $s^2 + \mu_{i1} s + 1$ 为

Hurwitz 多项式。如果输出函数 y_i 和它的 k 阶导数 $y_i^{(k)}$ 是有界的，也就是说，存在正的常数 Y_{i0} ，Y_{ik} 满足 $|y_i| \leqslant Y_{i0}$，$|y_i^{(k)}| \leqslant Y_{ik}$ ，可以得出：

$$\eta_{ik} = \frac{z_{ik}}{\varepsilon_i^{k-1}} - y_i^{k-1} = -\varepsilon_i \phi_i^{(k)},\ k = 1, 2 \tag{6.11}$$

式中：$\phi_i = z_{i2} + \mu_{i1} z_{i1}$ ，$\phi_i^{(k)}$ 代表 ϕ_i 的 k 阶导数。此外，如果所有的观测状态满足 $|z_{ik}| \leqslant \bar{z}_{ik}$ ，且 $\bar{z}_{ik} > 0$ ，存在 $\bar{\eta}_{ik} > 0$ ，使得 $|\eta_{ik}| \leqslant \varepsilon_i \bar{\eta}_{ik}$ 。

根据注 6.3，不可测的状态向量的估计定义为

$$\hat{x}_i = \left[x_{i1}, \frac{z_{i2}}{\varepsilon_i}\right]^{\mathrm{T}} = [\hat{x}_{i1}, \hat{x}_{i2}]^{\mathrm{T}},\ i = 1, 2 \tag{6.12}$$

下一步，为了便于将控制系统由非仿射形式转化成仿射形式，跟踪误差和滤波跟踪误差分别定义为 $\hat{e}_i = \hat{x}_i - x_{id} = [\hat{e}_{i1}, \hat{e}_{i2}]^{\mathrm{T}} \in R^2$ ，$\hat{e}_{is} = [\lambda_i, 1]\hat{e}_i$ ，其中，$x_{id} = [y_{id}, \dot{y}_{id}]^{\mathrm{T}}$ 为参考状态向量，λ_i 为合适的系数，满足 $s + \lambda_i$ 是一个赫维茨多项式，也就是说 $\hat{e}_i \to 0$ 等价于 $\hat{e}_{is} \to 0$ 。那么，求 $\hat{e}_{is}$ 的导数得：

$$\dot{\hat{e}}_{is} = f_i(x, u_i) - \ddot{y}_{id} + \dot{\tilde{x}}_{i2} + [0, \lambda_i]\hat{e}_i + d_i \tag{6.13}$$

式中：$\hat{x}_{i2} = x_{i2} + \tilde{x}_{i2}$ 。通过使用假设 6.2 和隐式函数定理[129]，存在一个唯一连续的理想控制 $u_i^* = U_i(x) \in \Omega_{ui}$ ，对于所有的 $x \in \Omega_x$ ，都有 $f_i(x, u_i^*) = f_i[x, U_i(x)] = 0$ ，其中，Ω_x 和 Ω_{ui} 均为紧集。进一步，对式(6.13)两端同时加上减去 $\gamma_i \hat{e}_{is}$ 并应用中值定理，可以得到：

$$\begin{aligned}\dot{\hat{e}}_{is} &= f_i(x, u_i^*) + \frac{\partial f_i(x, u_i^0)}{\partial u_i}(u_i - u_i^*) + \gamma_i \hat{e}_{is} - \ddot{y}_{id} + \dot{\tilde{x}}_{i2} + [0, \lambda_i]\hat{e}_i + d_i - \gamma_i \hat{e}_{is} \\ &= \mu_i u_i - \frac{\partial f_i(x, u_i^0)}{\partial u_i}u_i^* + \left[\frac{\partial f_i(x, u_i^0)}{\partial u_i} - \mu_i\right]u_i + \gamma_i e_{is} + [0, \lambda_i]e_i - \ddot{y}_{id} + \dot{\tilde{x}}_{i2} + \\ &\quad d_i + \gamma_i \hat{e}_{is} + [0, \lambda_i]\tilde{e}_i - \gamma_i \hat{e}_{is}\end{aligned} \tag{6.14}$$

式中：u_i^0 为 0 与 u_i 之间的某个点，$\gamma_i > 0$ ，$\mu_i > 0$ ，$\hat{e}_i = e_i + \tilde{e}_i$ ，$\hat{e}_{is} = e_{is} + \tilde{e}_{is}$。

表示非线性函数 $H_i(x, e_i) = \frac{\partial f_i(x, u_i^0)}{\partial u_i}u_i^* - \left[\frac{\partial f_i(x, u_i^0)}{\partial u_i} - \mu_i\right]u_i - \gamma_i e_{is} - [0, \lambda_i]e_i$ ，由式(6.9)推断出 $H_i(x, e_i)$ 可以近似为下列形式：

$$H_i(x, e_i) = \theta_i^{*T}\phi_i(x, e_i) + \delta_i^*(x, e_i) \tag{6.15}$$

式中：$(x, e_i) \in \Omega_x \times \Omega_{ei}$，$\Omega_{ei}$ 为一个紧集。因此，将式(6.15)带入式(6.14)：

$$\dot{\hat{e}}_{is} = \mu_i u_i - \theta_i^{*\mathrm{T}} \phi_i(x, e_i) + D_i(t) - \gamma_i \hat{e}_{is} \tag{6.16}$$

式中：$D_i(t) = -\delta_i^*(x, e_i) - \ddot{y}_{id} + \dot{\tilde{x}}_{i2} + d_i + \gamma_i \tilde{e}_{is} + [0, \lambda_i]\tilde{e}_i$。根据引理5.7并结合假设6.1和假设6.3，可以得出结论，存在未知的上限 D_i^*，满足 $|D_i(t)| \leqslant D_i^*$。

注6.5：对于第 i 个不均匀非线性子系统(6.2)，假设6.2在控制器设计中起到重要作用，借助于隐函数定理将非仿射非线性耦合项转换成相应仿射项。另外，类似的解耦方法在其他文献[58]中已经被提出，然而，本章中需要更少的可调参数用于控制器设计，从而很大程度上降低了计算量。

进一步，为第 i 个子系统的自适应模糊跟踪控制器如下：

$$u_i = \mu_i^{-1}\left[-\alpha_i \hat{e}_{is} + \hat{\theta}_i^{\mathrm{T}} \phi_i(\hat{x}, \hat{e}_i) - \frac{\hat{e}_{is}\hat{D}_i^2}{\hat{e}_{is}\hat{D}_i \tanh(\hat{e}_{is}/\delta_i) + \delta_i}\right] \tag{6.17}$$

相应的自适应律：

$$\begin{cases} \dot{\hat{\theta}} = -\Gamma_i(\phi_i(\hat{x}, \hat{e}_i)\hat{e}_{is} + \sigma_i \hat{\theta}_i), \\ \dot{\hat{D}} = -\beta_i \sigma_i \hat{D}_i + \beta_i |\hat{e}_{is}| \end{cases} \tag{6.18}$$

式中：$\hat{\theta}_i$ 和 $\hat{D}_i$ 分别为 θ_i^* 和 D_i^* 的估算值；$\Gamma_i = \Gamma_i^{\mathrm{T}} > 0$；$\alpha_i, \delta_i, \beta_i, \sigma_i, i = 1, 2,$ 为正的设计参数。

6.3.2　稳定性分析

在本节，下列定理给出了闭环系统的结果稳定性分析。

定理6.1：考虑到具有不可测状态的多输入多输出非仿射非线性系统(6.3)，在满足假设6.1~6.3条件下，估计状态可以从高增益观测器(6.10)获得。在紧集 $\Omega_x \times \Omega_{ei}$ 上，构建自适应模糊跟踪控制器(6.17)和参数更新规则(6.19)可以保证所有的闭环系统误差信号一致最终有界。此外，参数估计错误 $\tilde{D}_i$，$\tilde{\theta}_i$ 和跟踪误差 e_{is} 保持紧集 $\Omega_{\tilde{D}_i}$、$\Omega_{\tilde{\theta}_i}$ 和 $\Omega_{e_{is}}$，从某种意义上说：

$$\begin{cases}\Omega_{e_{is}} = \{e_{is} \in R \mid |e_{is}| \leqslant \sqrt{\Omega_i}\} \\ \Omega_{\tilde{D}_i} = \{\tilde{D}_i \in R \mid |\tilde{D}_i| \leqslant \sqrt{\beta_i \Omega_i}\} \\ \Omega_{\tilde{\theta}_i} = \{\tilde{\theta}_i \in R^n \mid \|\tilde{\theta}_i\| \leqslant \sqrt{\Omega_i / \lambda_{\min}(\Gamma_i^{-1})}\},\ i = 1, 2\end{cases} \tag{6.19}$$

式中：$\Omega_i = 2\left(V_i\Big|_{t=0} + \dfrac{\rho_{i2}}{\rho_{i1}}\right)$，$\rho_{i1}$ 和 ρ_{i2} 定义如下：

$$\begin{cases}\rho_{i1} := \min\left\{2\left(\alpha_i + \gamma_i - \dfrac{1}{2}\right), \dfrac{\sigma_i - 1/\psi_i}{\lambda_{\max}(\Gamma_i^{-1})}, (\sigma_i - 2k\tau_i^*)\beta_i\right\} \\ \rho_{i2} := \dfrac{(\alpha_i + \gamma_i)^2 \tau_i^{*2}}{2} + \dfrac{\tau_i^{*2}\psi_i}{2} + 2\|\theta_i^*\| + \delta_i + 2\tau_i^* D_i^* + \dfrac{\sigma_i}{2}\|\theta_i^*\|^2 + \\ \quad \left(2k\tau_i^* + \dfrac{\sigma_i}{2}\right)D_i^{*2}\end{cases} \tag{6.20}$$

证明：定义李雅普诺夫函数 $V_i(e_{is}, \tilde{\theta}_i, \tilde{D}_i)$ 如下：

$$V_i(e_{is}, \tilde{\theta}_i, \tilde{D}_i) = \frac{1}{2}e_{is}^2 + \frac{1}{2}\beta_i^{-1}\tilde{D}_i^2 + \frac{1}{2}\tilde{\theta}_i^{\mathrm{T}}\Gamma_i^{-1}\tilde{\theta}_i \tag{6.21}$$

式中：$\tilde{D}_i = \hat{D}_i - D_i^*$ 和 $\tilde{\theta}_i = \hat{\theta}_i - \theta_i^*$，$i = 1, 2$，参数估计误差。取 V_i 的导数：

$$\begin{aligned}\dot{V}_i &= e_{is}\dot{e}_{is} + \beta_i^{-1}\tilde{D}_i\dot{\tilde{D}}_i + \tilde{\theta}_i^{\mathrm{T}}\Gamma_i^{-1}\dot{\tilde{\theta}}_i \\ &= e_{is}(\mu_i u_i + \theta_i^{*T}\phi_i(x, e_i) + D_i(t) - \gamma_i\hat{e}_{is}) + \beta_i^{-1}\tilde{D}_i\dot{\tilde{D}}_i + \tilde{\theta}_i^{\mathrm{T}}\Gamma_i^{-1}\dot{\tilde{\theta}}_i\end{aligned} \tag{6.22}$$

将式(6.17)带入式(6.22)，可以得到：

$$\begin{aligned}\dot{V}_i = &-(\alpha_i + \gamma_i)e_{is}\hat{e}_{is} + \hat{\theta}_i^{\mathrm{T}}\phi_i(\hat{x}, \hat{e}_i)e_{is} - \frac{e_{is}\hat{e}_{is}\hat{D}_i^2}{\hat{e}_{is}\hat{D}_i\tanh(\hat{e}_{is}/\delta_i) + \delta_i} - \\ &\theta_i^{*T}\phi_i(x, e_i)e_{is} + e_{is}D_i + \beta_i^{-1}\tilde{D}_i\dot{\tilde{D}}_i + \tilde{\theta}_i^{\mathrm{T}}\Gamma_i^{-1}\dot{\tilde{\theta}}_i \\ \leqslant &-(\alpha_i + \gamma_i)e_{is}^2 - (\alpha_i + \gamma_i)e_{is}\tilde{e}_{is} + [\hat{\theta}_i^{\mathrm{T}}\phi_i(\hat{x}, \hat{e}_i) - \theta_i^{*\mathrm{T}}\phi_i(x, e_i)]e_{is} - \\ &\frac{\hat{e}_{is}^2\hat{D}_i^2}{\hat{e}_{is}\hat{D}_i\tanh(\hat{e}_{is}/\delta_i) + \delta_i} + \frac{\tilde{e}_{is}\hat{e}_{is}\hat{D}_i^2}{\hat{e}_{is}\hat{D}_i\tanh(\hat{e}_{is}/\delta_i) + \delta_i} + \hat{e}_{is}D_i - \\ &\tilde{e}_{is}D_i + \beta_i^{-1}\tilde{D}_i\dot{\tilde{D}}_i + \tilde{\theta}_i^{\mathrm{T}}\Gamma_i^{-1}\dot{\tilde{\theta}}_i\end{aligned} \tag{6.23}$$

式中：$\tilde{e}_{is} = \hat{e}_{is} - e_{is}$。调用自适应控制律(6.18)，式(6.23)变成：

$$\dot{V}_i \leqslant -(\alpha_i+\gamma_i)e_{is}^2-(\alpha_i+\gamma_i)e_{is}\tilde{e}_{is}+[\hat{\theta}_i^{\mathrm{T}}\phi_i(\hat{x},\hat{e}_i)-\theta_i^{*\mathrm{T}}\phi_i(x,e_i)]e_{is}-\frac{\hat{e}_{is}^2\hat{D}_i^2}{\hat{e}_{is}\hat{D}_i\tanh(\hat{e}_{is}/\delta_i)+\delta_i}+\frac{\tilde{e}_{is}\hat{e}_{is}\hat{D}_i^2}{\hat{e}_{is}\hat{D}_i\tanh(\hat{e}_{is}/\delta_i)+\delta_i}+|\hat{e}_{is}|D_i^*+|\tilde{e}_{is}|D_i^*-\sigma_i\tilde{D}_i\hat{D}_i+|\hat{e}_{is}|\tilde{D}_i-\tilde{\theta}_i^{\mathrm{T}}\phi_i(\hat{x},\hat{e}_i)\hat{e}_{is}-\sigma_i\tilde{\theta}_i^{\mathrm{T}}\hat{\theta}_i \tag{6.24}$$

利用不等式 $0\leqslant b\tanh(b/a)\leqslant|b|$，$\forall b\in R$，$a>0$ 和 $|b|\leqslant b\tanh(b/a)+ka$，$\forall b\in R$，$a>0$，$k=0.2785$，从式(6.24)得到：

$$\dot{V}_i \leqslant -(\alpha_i+\gamma_i)e_{is}^2-(\alpha_i+\gamma_i)e_{is}\tilde{e}_{is}+[\hat{\theta}_i^{\mathrm{T}}\phi_i(\hat{x},\hat{e}_i)-\theta_i^{*\mathrm{T}}\phi_i(x,e_i)]e_{is}+\frac{|\hat{e}_{is}|\hat{D}_i\delta_i}{|\hat{e}_{is}|\hat{D}_i+\delta_i}+|\tilde{e}_{is}|\hat{D}_i+k|\tilde{e}_{is}|\hat{D}_i^2+|\tilde{e}_{is}|D_i^*-\sigma_i\tilde{D}_i^2-\sigma_i\tilde{D}_iD_i^*-\tilde{\theta}_i^{\mathrm{T}}\phi_i(\hat{x},\hat{e}_i)\hat{e}_{is}-\sigma_i\tilde{\theta}_i^{\mathrm{T}}\hat{\theta}_i \tag{6.25}$$

对于式(6.25)右侧模糊逻辑系统的误差项，分别加上并减去 $\theta_i^{*\mathrm{T}}\phi_i(\hat{x},\hat{e}_i)$ 得：

$$\begin{aligned}&\hat{\theta}_i^{\mathrm{T}}\phi_i(\hat{x},\hat{e}_i)-\theta_i^{*\mathrm{T}}\phi_i(\hat{x},\hat{e}_i)+\theta_i^{*\mathrm{T}}\phi_i(\hat{x},\hat{e}_i)-\theta_i^{*\mathrm{T}}\phi_i(x,e_i)\\&=\tilde{\theta}_i^{\mathrm{T}}\phi_i(\hat{x},\hat{e}_i)+\theta_i^{*\mathrm{T}}[\phi_i(\hat{x},\hat{e}_i)-\phi_i(x,e_i)]\end{aligned} \tag{6.26}$$

使用 $\phi_i^{\mathrm{T}}\phi_i\leqslant 1$ 和三角不等式，可以得到：

$$\begin{aligned}&\hat{\theta}_i^{\mathrm{T}}\phi_i(\hat{x},\hat{e}_i)-\theta_i^{*\mathrm{T}}\phi_i(x,e_i)\leqslant\tilde{\theta}_i^{\mathrm{T}}\phi(\hat{x},\hat{e}_i)+2\|\theta_i^*\|\\&2\tilde{D}_iD_i^*=\hat{D}_i^2-D_i^{*2}-\tilde{D}_i^2\geqslant -D_i^{*2}-\tilde{D}_i^2\\&2\tilde{\theta}_i^{\mathrm{T}}\hat{\theta}_i=\|\tilde{\theta}_i\|^2+\|\hat{\theta}_i\|^2-\|\theta_i^*\|^2\geqslant\|\tilde{\theta}\|^2-\|\theta_i^*\|^2\end{aligned} \tag{6.27}$$

利用式(6.27)，式(6.25)改成：

$$\dot{V}_i \leqslant -(\alpha_i+\gamma_i)e_{is}^2-(\alpha_i+\gamma_i)e_{is}\tilde{e}_{is}-\tilde{\theta}_i^{\mathrm{T}}\phi_i(\hat{x},\hat{e}_i)\tilde{e}_{is}+2\|\theta_i^*\|+\frac{|\hat{e}_{is}|\hat{D}_i\delta_i}{|\hat{e}_{is}|\hat{D}_i+\delta_i}+|\tilde{e}_{is}|\tilde{D}_i+k|\tilde{e}_{is}|\hat{D}_i^2+2|\tilde{e}_{is}|D_i^*-\frac{\sigma_i}{2}\tilde{D}_i^2+\frac{\sigma_i}{2}D_i^{*2}-\frac{\sigma_i}{2}\|\tilde{\theta}\|^2+\frac{\sigma_i}{2}\|\theta_i^*\|^2 \tag{6.28}$$

根据式(6.11)和 $\tilde{e}_{is}=[\lambda_i,1]\tilde{e}_i$，可知 $\tilde{e}_{is}$ 是有界的。换言之，存在一个正常数 τ_i^* 受制于 $|\tilde{e}_{is}|\leqslant\tau_i^*$。此外，利用不等式 $2ab\leqslant\frac{1}{c}a^2+cb^2$，$\forall c>0$，$a,b\in R$ 和 $0\leqslant\frac{a}{a+b}<1$，$\forall a\geqslant 0$，$b>0$，可以得到：

$$\begin{aligned}\dot{V}_i &\leqslant -(\alpha_i+\gamma_i)e_{is}^2+\frac{1}{2}e_{is}^2+\frac{(\alpha_i+\gamma_i)^2\tau_i^{*2}}{2}+\frac{1}{2\psi_i}\|\tilde{\theta}_i\|^2+\frac{\tau_i^{*2}\psi_i}{2}+2\|\theta_i^*\|+\\&\quad\delta_i+\frac{1}{2\phi_i}\tau_i^{*2}+\frac{\tilde{D}_i^2\phi_i}{2}+2k\tau_i^*\tilde{D}_i^2+2k\tau_i^*D_i^{*2}+2\tau_i^*D_i^*-\frac{\sigma_i}{2}\tilde{D}_i^2+\frac{\sigma_i}{2}D_i^{*2}-\\&\quad\frac{\sigma_i}{2}\|\tilde{\theta}\|^2+\frac{\sigma_i}{2}\|\theta_i^*\|^2\\&\leqslant-\left(\alpha_i+\gamma_i-\frac{1}{2}\right)e_{is}^2-\frac{1}{2}\left(\sigma_i-\frac{1}{\psi_i}\right)\|\tilde{\theta}_i\|^2-\frac{1}{2}(\sigma_i-2k\tau_i^*)\tilde{D}_i^2+\\&\quad\left[\frac{(\alpha_i+\gamma_i)^2\tau_i^{*2}}{2}+\frac{\tau_i^{*2}\psi_i}{2}+2\|\theta_i^*\|+\delta_i+2\tau_i^*D_i^*+\frac{\sigma_i}{2}\|\theta_i^*\|^2+\left(2k\tau_i^*+\frac{\sigma_i}{2}\right)D_i^{*2}\right]\\&\leqslant-\rho_{i1}V_i+\rho_{i2}\end{aligned} \tag{6.29}$$

式中：ρ_{i1} 和 ρ_{i2} 满足：

$$\begin{cases}\rho_{i1}:=\min\left\{2\left(\alpha_i+\gamma_i-\frac{1}{2}\right),\frac{\sigma_i-1/\psi_i}{\lambda_{\max}(\Gamma_i^{-1})},(\sigma_i-2k\tau_i^*)\beta_i\right\}\\\rho_{i2}:=\frac{(\alpha_i+\gamma_i)^2\tau_i^{*2}}{2}+\frac{\tau_i^{*2}\psi_i}{2}+2\|\theta_i^*\|+\delta_i+2\tau_i^*D_i^*+\\\qquad\frac{\sigma_i}{2}\|\theta_i^*\|^2+\left(2k\tau_i^*+\frac{\sigma_i}{2}\right)D_i^{*2}\end{cases} \tag{6.30}$$

通过适当调整设计参数 μ_i，α_i，β_i，γ_i，σ_i，δ_i 和 ψ_i，可以保证 $\alpha_i+\gamma_i-\frac{1}{2}>0$，$\sigma_i-\frac{1}{\psi_i}>0$ 和 $\sigma_i-2k\tau_i^*>0$。进一步，在式(6.29)的两边同时乘以 $e^{\rho_{i1}t}$ 并从0到 t 积分得：

$$V_i \leqslant \left(V_i\Big|_{t=0} - \frac{\rho_{i2}}{\rho_{i1}}\right)e^{-\rho_{i1}t} + \frac{\rho_{i2}}{\rho_{i1}} \leqslant V_i\Big|_{t=0} + \frac{\rho_{i2}}{\rho_{i1}} \tag{6.31}$$

由式(6.21)和式(6.31)得:

$$\begin{aligned} |e_{is}| &\leqslant \sqrt{2\left(V_i\Big|_{t=0} + \frac{\rho_{i2}}{\rho_{i1}}\right)} \\ |\tilde{D}_i| &\leqslant \sqrt{2\beta_i\left(V_i\Big|_{t=0} + \frac{\rho_{i2}}{\rho_{i1}}\right)} \\ \|\tilde{\theta}_i\| &\leqslant \sqrt{\frac{2\left(V_i\Big|_{t=0} + \frac{\rho_{i2}}{\rho_{i1}}\right)}{\lambda_{\min}(\Gamma_i^{-1})}} \end{aligned} \tag{6.32}$$

因此，从式(6.30)可知参数估计误差 $\tilde{D}_i$ 、$\tilde{\theta}_i$ 和跟踪误差 e_s 是有界的，并且收敛到下面的紧集 $\Omega_{\tilde{D}_i}$ 、$\Omega_{\tilde{\theta}_i}$ 和 $\Omega_{e_{is}}$:

$$\begin{cases} \Omega_{e_{is}} = \{e_{is} \in R \,\big|\, |e_{is}| \leqslant \sqrt{\Omega_i}\} \\ \Omega_{\tilde{D}_i} = \{\tilde{D}_i \in R \,|\, |\tilde{D}_i| \leqslant \sqrt{\beta_i\Omega_i}\} \\ \Omega_{\tilde{\theta}_i} = \{\tilde{\theta}_i \in R^n \,\big|\, \|\tilde{\theta}_i\| \leqslant \sqrt{\Omega_i/\lambda_{\min}(\Gamma_i^{-1})}\},\ i = 1,2 \end{cases} \tag{6.33}$$

式中: $\Omega_i = 2(V_i\big|_{t=0} + \rho_{i2}/\rho_{i1})$, ρ_{i1} 和 ρ_{i2} 在式(6.30)中定义，证明结束。

注 6.10: Wu L B 等[58]考虑了一类单入单出非仿射非线性系统自适应模糊跟踪控制问题，然而，所提出的方法不能应用到带耦合的多输入多输出非仿射非线性铸轧系统。本章中，使用中值定理和模糊近似方法将非仿射非线性系统转换成相应的仿射非线性系统。而且基于李雅普诺夫稳定性分析，理论上证明了提出的自适应模糊输出跟踪控制方案能保证辊缝和熔池液位高度跟踪到期望的参考信号。

6.4　仿真研究

本节为了验证所提出的自适应模糊控制方法的有效性，针对 MIMO 非仿射非线性系统(6.2)进行数值仿真，相应的系统参数为 R =150mm, L =200mm, M =300kg, v_r = 10 m/min, 这些数值选自参考文献[51]。此外，辊缝和熔池液位高度初始值分别为 0 和 20mm,期望的控制目标分别设为 3mm 和 70mm。模糊隶属度函数设计如下：

$$\begin{cases}\mu_{F_j^1} = \exp\left(-\dfrac{(X_j+1.5)^2}{2}\right) \\ \mu_{F_j^2} = \exp\left(-\dfrac{(X_j+1)^2}{2}\right) \\ \mu_{F_j^3} = \exp\left(-\dfrac{(X_j+0.5)^2}{2}\right) \\ \mu_{F_j^4} = \exp\left(-\dfrac{X_j^2}{2}\right) \\ \mu_{F_j^5} = \exp\left(-\dfrac{(X_j-0.5)^2}{2}\right) \\ \mu_{F_j^6} = \exp\left(-\dfrac{(X_j-1)^2}{2}\right) \\ \mu_{F_j^7} = \exp\left(-\dfrac{(X_j-1.5)^2}{2}\right), j = 1, 2, \cdots, n \end{cases} \tag{6.34}$$

模糊基函数定义为：

$$\phi_i(X) = \frac{\Pi_{j=1}^{n}\mu_{F_j^i}(X_j)}{\sum_{i=1}^{7}\left(\Pi_{j=1}^{n}\mu_{F_j^i}(X_j)\right)}, i = 1, 2, \cdots, 7 \tag{6.35}$$

式中：$X = [X_1, X_2, \cdots, X_n]^{\mathrm{T}}$。此外，仿真参数选为$\mu_i = 5$，$\alpha_i = 5$，$\beta_i = 0.2$，$\Gamma_i = 10$，$\sigma_i = 10$，$\delta_i = 0.1$，$i = 1, 2$，初始值设置为$x_1(0) = [0.02, 0]^{\mathrm{T}}$，$x_2(0) = [0, 0.1]^{\mathrm{T}}$，$\hat{x}_1(0) = [2, -3]^{\mathrm{T}}$，$\hat{x}_2(0) = [0, -1]^{\mathrm{T}}$，$\hat{\theta}_1(0) = \hat{\theta}_2(0) = [0, 0.1, 0, 0.1, 0, 0, 0.1]^{\mathrm{T}}$，$\hat{D}_1(0) = \hat{D}_2(0) = 5$。

6.4.1 倾斜角度$\beta = 0°$时仿真结果

仿真结果如图6.1～图6.10所示。

由图6.1和图6.2可知，当倾斜角度$\beta = 0°$时，系统输出信号y_i、熔池液位高度y_1与辊缝y_2，可以跟踪到期望的液位高度y_{d1}和辊缝开度y_{d2}。图6.3和图6.4表明跟踪性能是令人满意的，辊缝和熔池液位的输出跟踪误差能收敛到期望的邻域。

图6.5和图6.6给出了系统状态估计曲线，图6.7～6.10展示了$\hat{\theta}_i$、$\hat{D}_i$和u_i的参数估计曲线的有界性，在这些动态信号的驱动下，可以实现期望的控制目标。

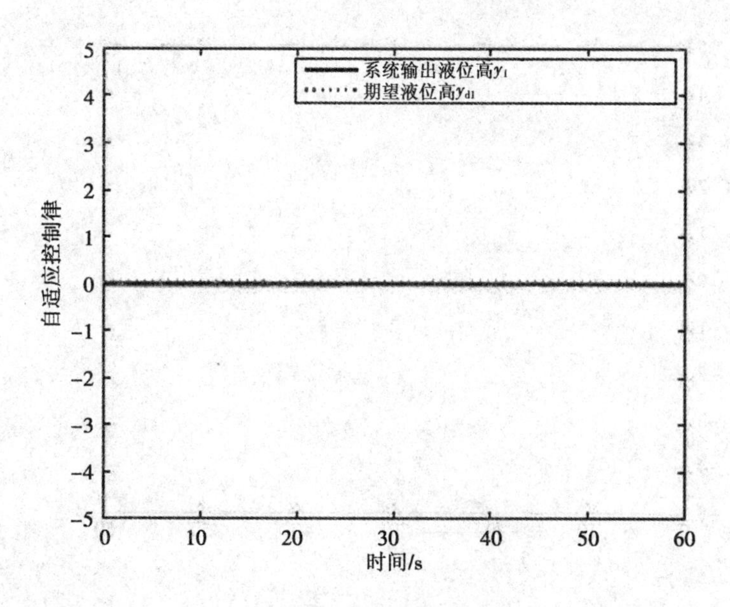

图 6.1　系统输出 y_1（熔池液位高度）和期望的液位高度 y_{d1} 的轨迹

Fig. 6.1　Trajectories of the system output y_1 and the desired reference signal y_{d1}

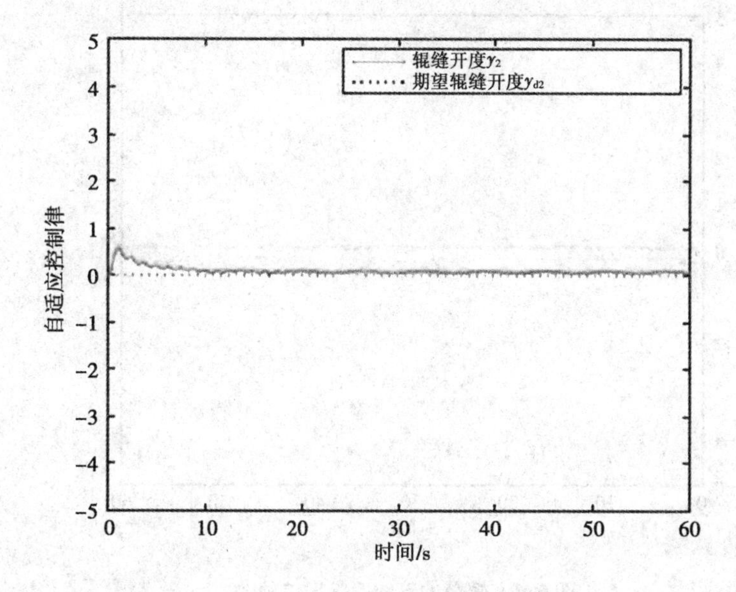

图 6.2　系统输出 y_2（辊缝）和期望的辊缝开度 y_{d2} 的轨迹

Fig. 6.2　Trajectories of the system output y_2 and the desired reference signal y_{d2}

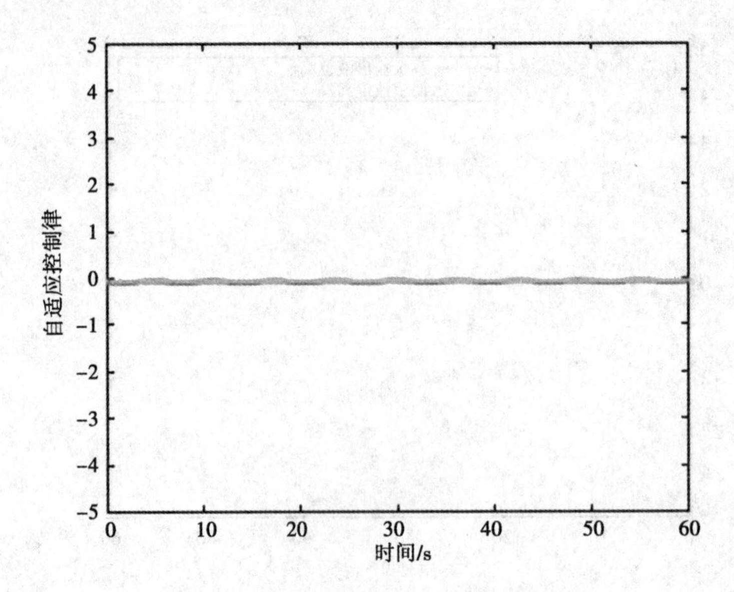

图 6.3　熔池液位的系统跟踪误差轨迹

Fig. 6.3　Trajectory of the system tracking error of molten steel level

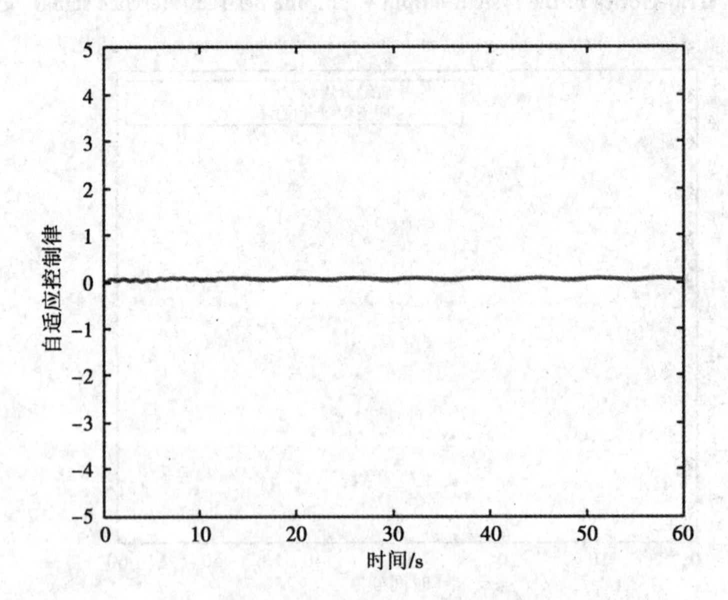

图 6.4　辊缝的系统跟踪误差轨迹

Fig. 6.4　Trajectory of the system tracking error of roll gap

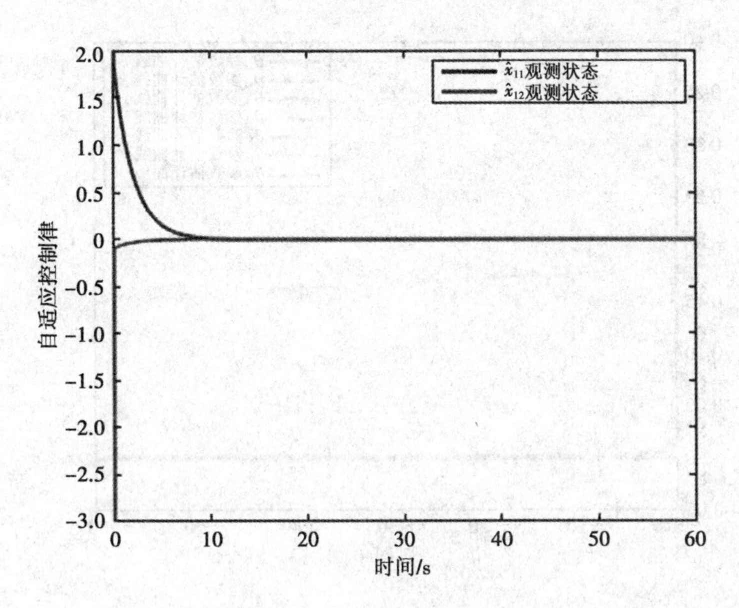

图 6.5　$\hat{x}_{11}$ 和 $\hat{x}_{12}$ 的观测状态

Fig. 6.5　The observer states of $\hat{x}_{11}$ and $\hat{x}_{12}$

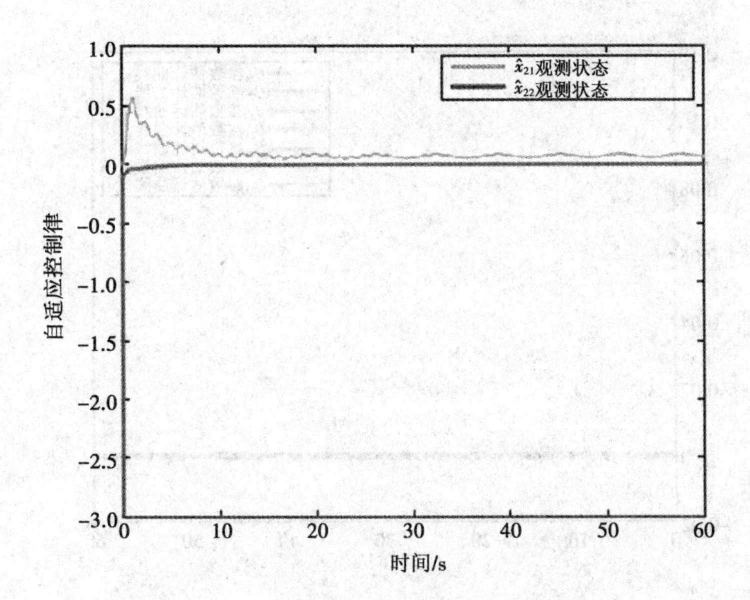

图 6.6　$\hat{x}_{21}$ 和 $\hat{x}_{22}$ 的观测状态

Fig. 6.6　The observer states of $\hat{x}_{21}$ and $\hat{x}_{22}$

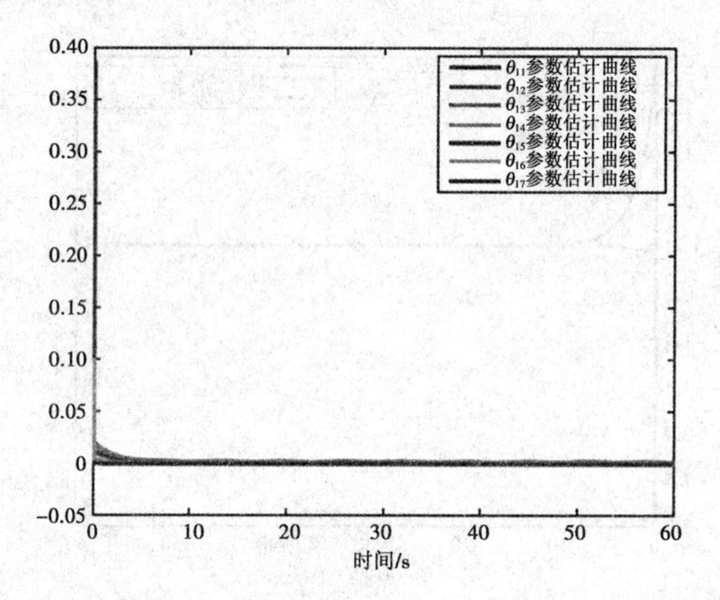

图 6.7　$\hat{\theta}_1$ 的响应曲线

Fig. 6.7　The response curves of $\hat{\theta}_1$

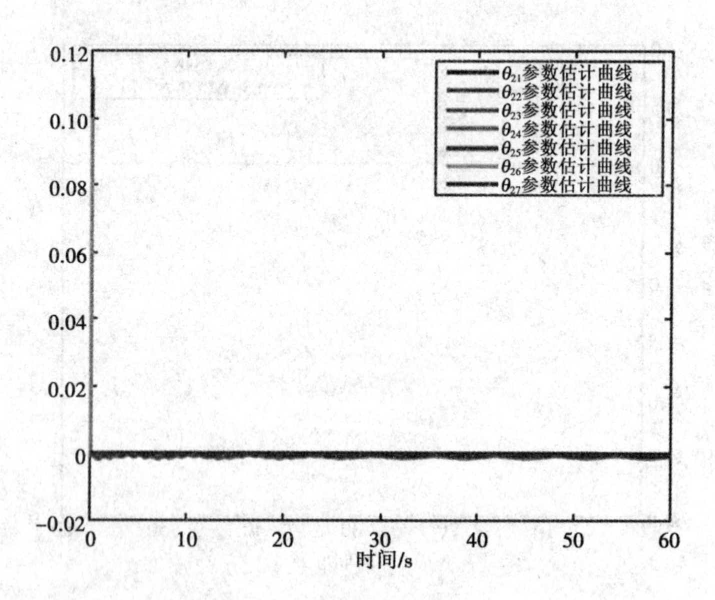

图 6.8　$\hat{\theta}_2$ 的响应曲线

Fig. 6.8　The response curves of $\hat{\theta}_2$

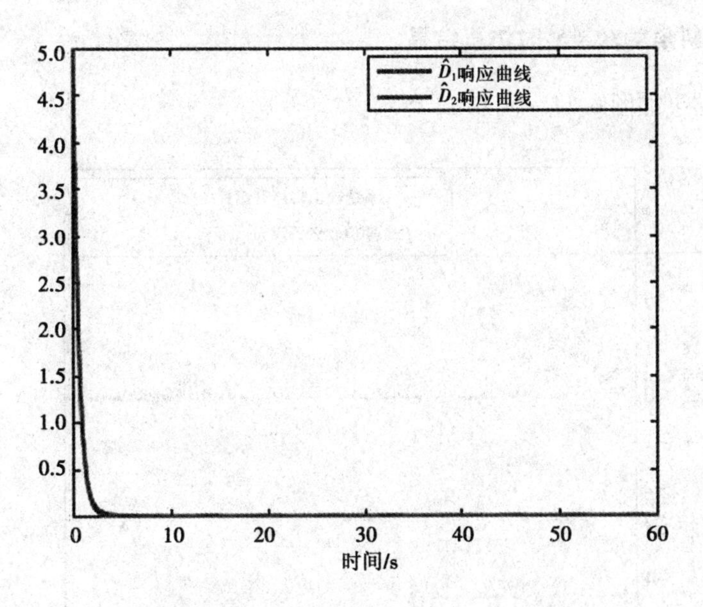

图 6.9　$\hat{D}_1$ 和 $\hat{D}_2$ 的响应曲线

Fig. 6.9　The response curves of $\hat{D}_1$ and $\hat{D}_2$

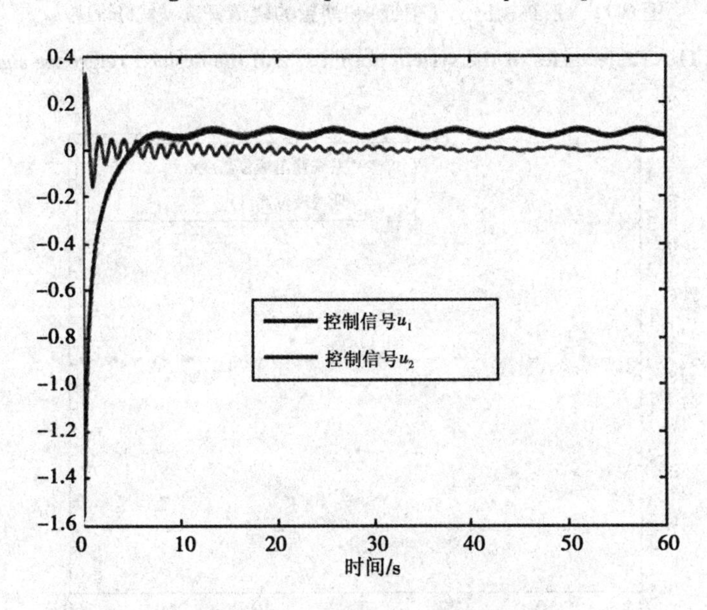

图 6.10　控制信号 u 的响应曲线

Fig. 6.10　The respond curves of the control signals u

6.4.2 倾斜角度 β =5°时仿真结果

仿真结果如图 6.11 ~ 图 6.12 所示。

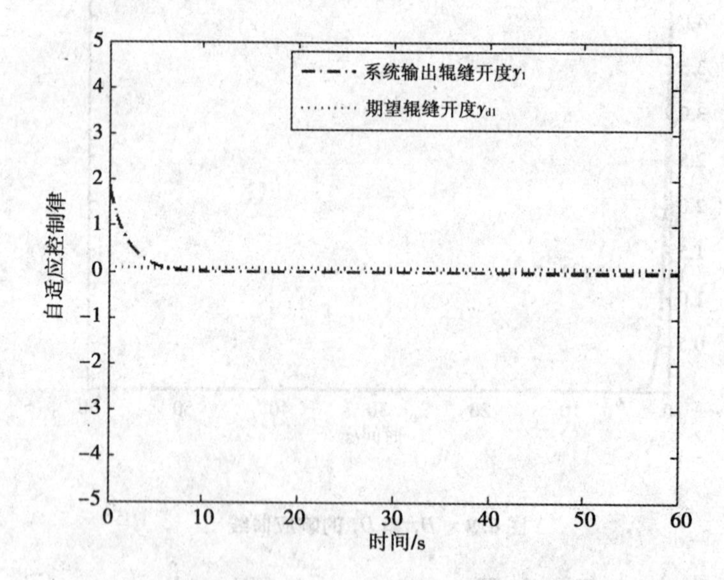

图 6.11 系统输出 y_1（辊缝）和期望的辊缝开度 y_{d1} 的轨迹

Fig. 6.11 Trajectories of the system output y_1 and the desired reference signal

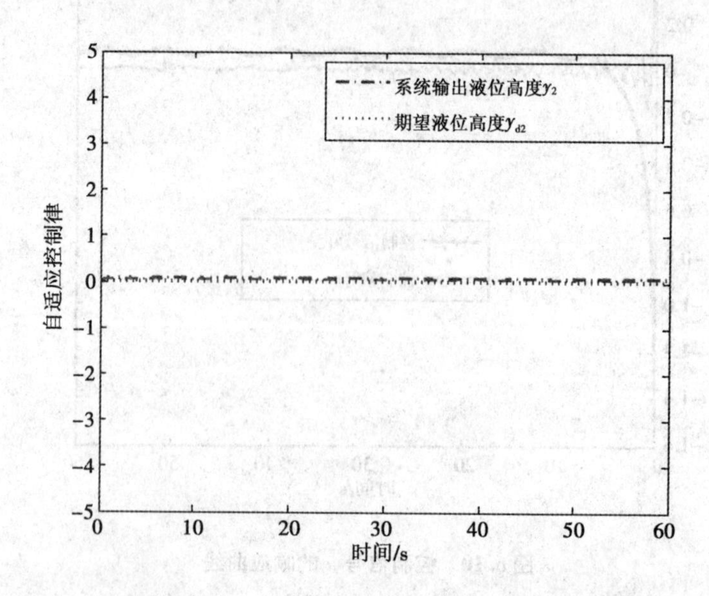

图 6.12 系统输出 y_2（熔池液位高度）和期望的液位高度 y_{d2} 的轨迹

Fig. 6.12 Trajectories of the system output y_2 and the desired reference signal y_{d2}

图 6.13　熔池液位的系统跟踪误差轨迹

Fig. 6.13　Trajectory of the system tracking error of molten steel level

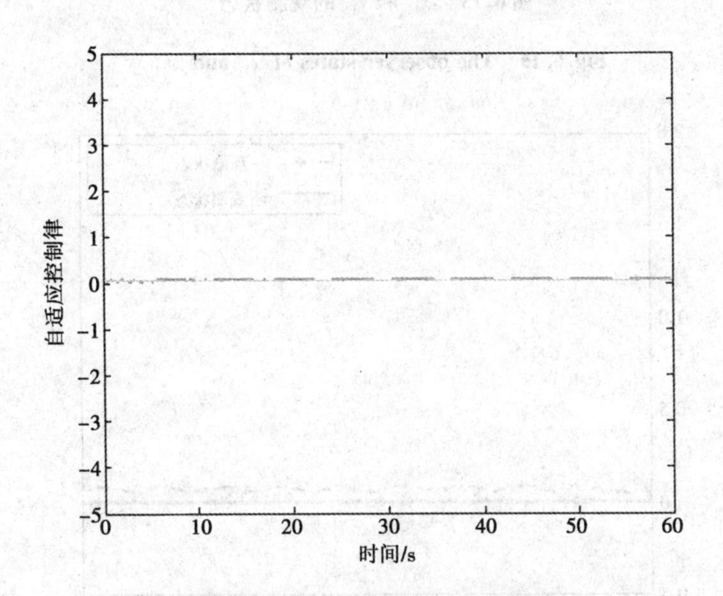

图 6.14　辊缝的系统跟踪误差轨迹

Fig. 6.14　Trajectory of the system tracking error of roll gap

由图6.11和图6.12可知，当倾斜角度 $\beta=5°$ 时，系统输出信号 y_i 、熔池液位高度 y_1 与辊缝 y_2 ，可以跟踪到期望的液位高度 y_{d1} 和辊缝开度 y_{d2} 。图6.13和图6.14表明跟踪性能是令人满意的，辊缝和熔池液位的输出跟踪误差能收敛到期望的邻域。

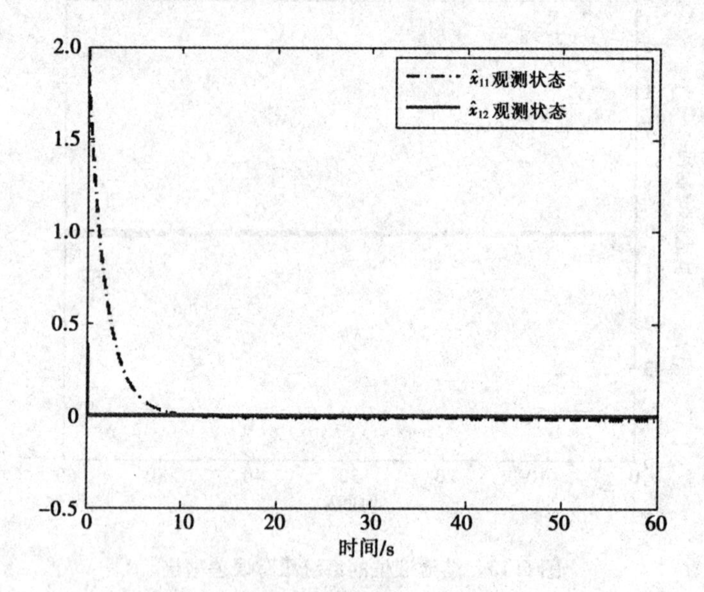

图 6.15　$\hat{x}_{11}$ 和 $\hat{x}_{12}$ 的观测状态

Fig. 6.15　The observer states of $\hat{x}_{11}$ and $\hat{x}_{12}$

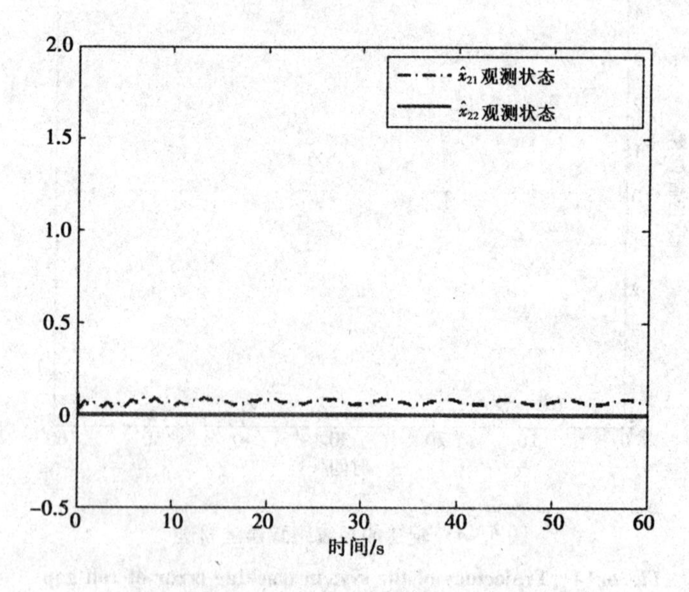

图 6.16　$\hat{x}_{21}$ 和 $\hat{x}_{22}$ 的观测状态

Fig. 6.16　The observer states of $\hat{x}_{21}$ and $\hat{x}_{22}$

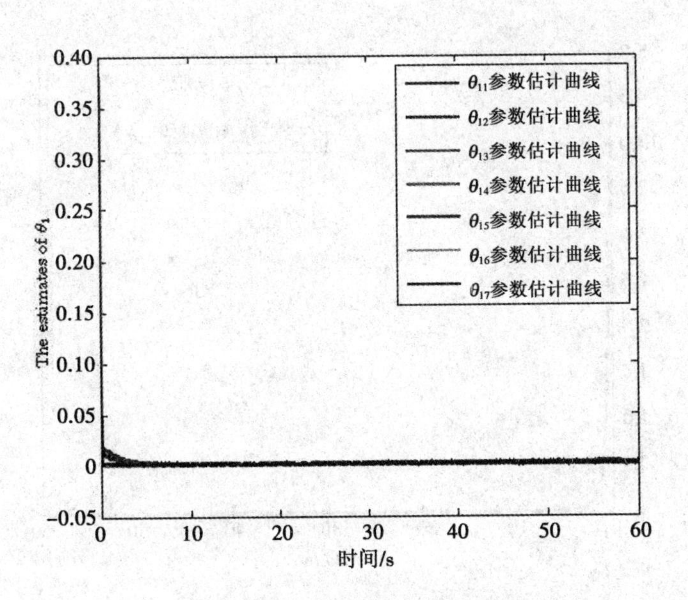

图 6.17　$\hat{\theta}_1$ 的响应曲线

Fig. 6.17　The response curves of $\hat{\theta}_1$

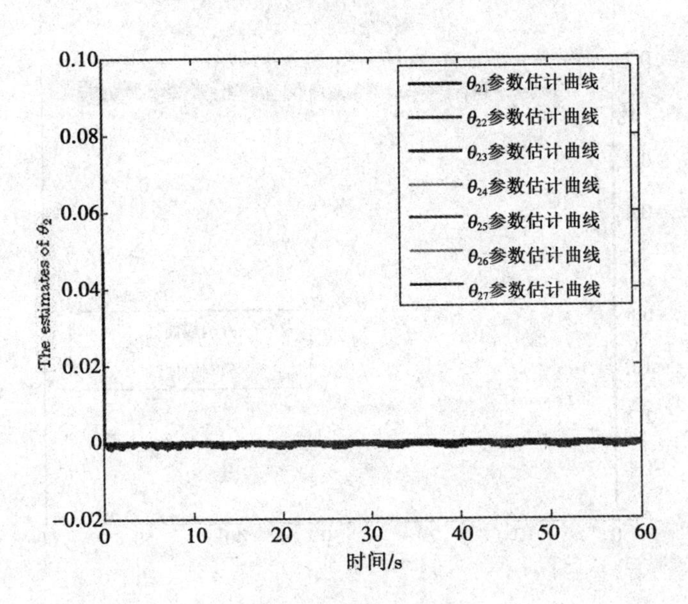

图 6.18　$\hat{\theta}_2$ 的响应曲线

Fig. 6.18　The response curves of $\hat{\theta}_2$

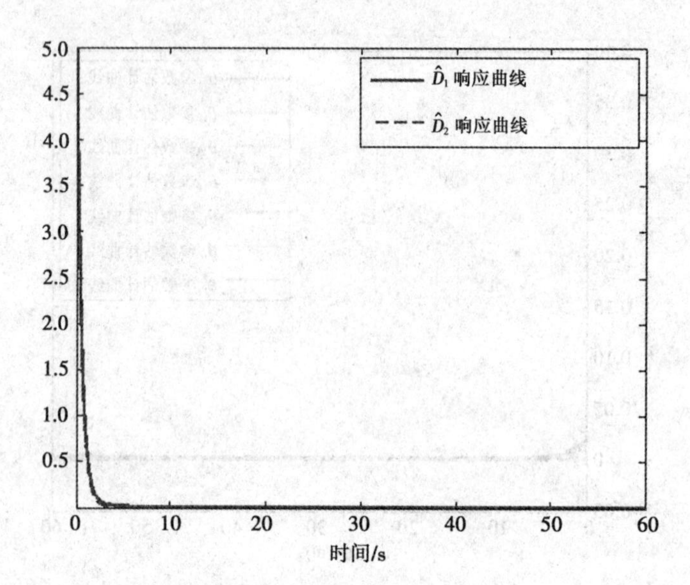

图 6.19 $\hat{D}_1$ 和 $\hat{D}_2$ 的响应曲线

Fig. 6.19 The response curves of $\hat{D}_1$ and $\hat{D}_2$

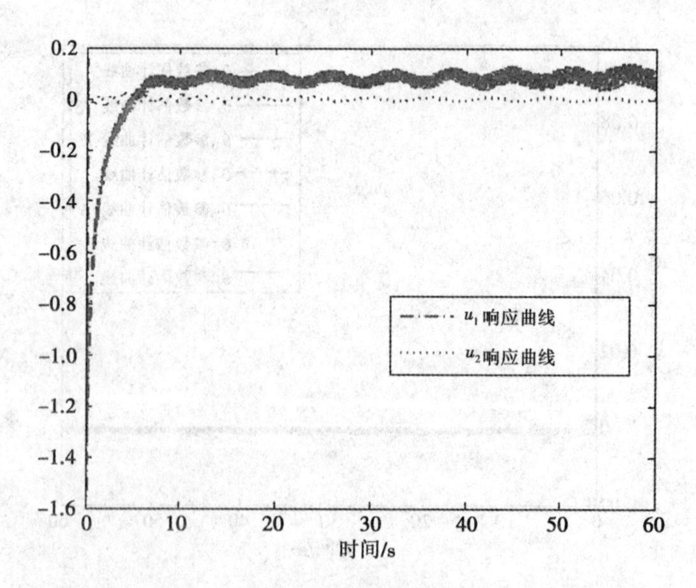

图 6.20 控制信号 u 的响应曲线

Fig. 6.20 The respond curves of the control signals u

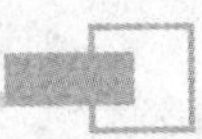

图6.15 和图6.16 给出了系统状态估计曲线。图6.17 ~ 图6.20 展示了 $\hat{\theta}_i$、$\hat{D}_i$ 和 u_i 的参数估计曲线的有界性，在这些动态信号的驱动下，可以实现期望的控制目标。

6.5　实验与分析

以自行开发的倾斜铸轧机为平台，在数值模拟优化基础上进行多次铸轧实验，确定了合理的铸轧工艺参数，在倾斜铸轧机上铸轧出 AE44 镁合金薄板，其化学成分如表 6.1 所示。

表 6.1　AE44 镁合金化学成分

Tab. 6.1　Chemical composition of AE44 magnesium alloy

元素	Al	La	Ce	Mg
质量分数/%	4.07	1.87	2.79	Bal.

注：Bal. 是 Balance 的缩写，在材料学中应用于化学成分的意思是剩余的都是该元素。

熔池液位高度为 90mm、铸轧速度为 8m/min、倾斜角度为 10°的条件下，通过改变浇注温度（分别为 943、933、923K），进行了三组倾斜铸轧实验。每组实验能够制备厚度为 2.5 ~ 4.1mm 的 AE44 镁合金薄板，铸轧薄板的微观组织决定了薄板的宏观质量，金相决定了铸轧薄板在厚度方向上的组织形态，确定改进后的控制条件对不对称倾斜铸轧出的板材组织性能的影响。选取薄板中间及两端的试样，检测 RD（轧制方向），ND（法向方向）两个方向上的组织形貌，如图 6.21 所示，对通过 KEYENCE VHX – F500 超景深显微镜观察到的不同位置的组织进行分析。

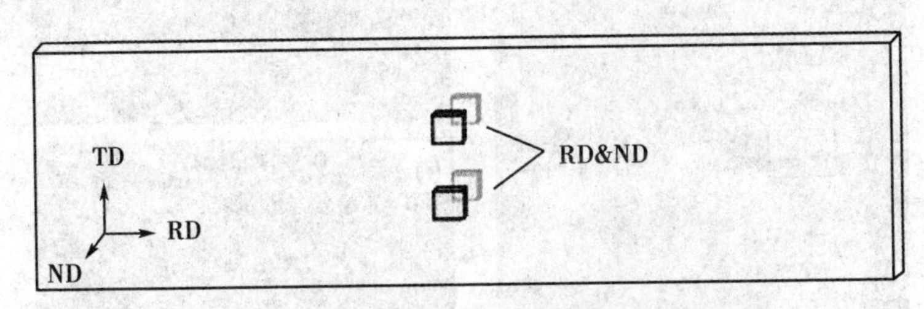

图 6.21　铸轧薄板对称性分析的金相试样

Fig. 6.21　Specimen of the symmetry analysis of cast-rolling strip

图 6.22 ~ 图 6.24 为第一组实验 T = 943K 时厚度为 3.5mm 的 AE44 铸轧薄板的不同位置的组织结果。整体断面上出现分层组织，一般薄板内部为粗大枝晶，薄板表面为一次枝晶、二次枝晶混合组织。图 6.22（c）中薄板内部的粗大枝晶的形成是因为芯部过冷强度低，抑制了液相内部的形核，在熔池内部液态

镁合金流动性低，枝晶结构保持完整，继而枝晶长大粗化。薄板表面的金属由于冷却程度高，凝固壳的镁合金率先凝固，具有一定的方向性，最后形成典型的铸态枝晶。

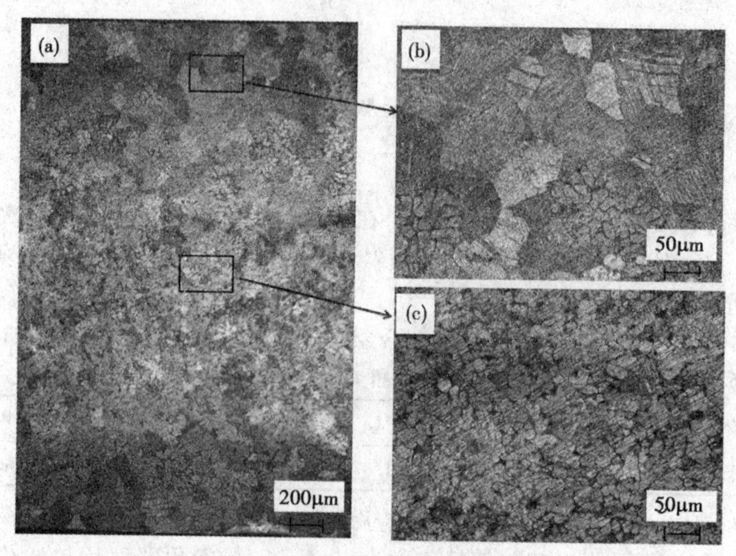

(a) ×100，(b)、(c) ×500

图 6.22　T =943K 时 AE44 薄板两端位置 RD 显微组织

Fig. 6.22　The microstructure of AE44 strip on RD of edge-side at T =943K

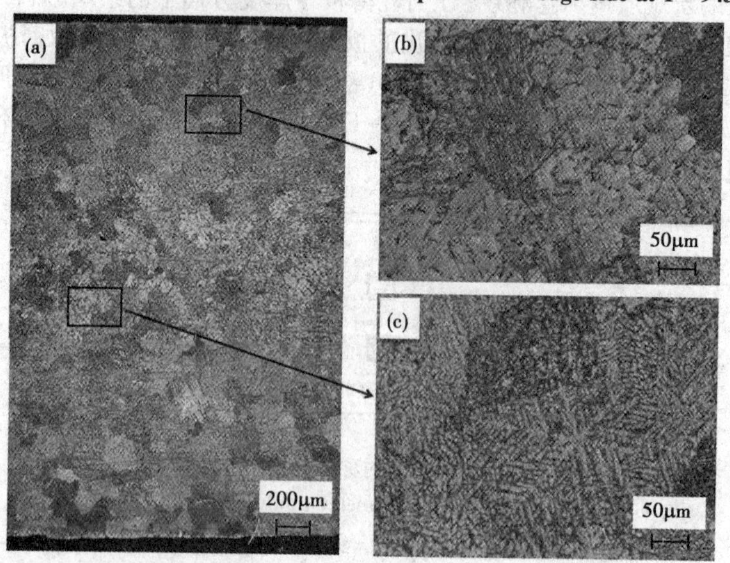

(a) ×100，(b)、(c) ×500

图 6.23　T =943K 时薄板中间位置 RD 显微组织

Fig. 6.23　The microstructure of AE44 strip on RD of core-side at T =943K

图6.23中熔池内部中心位置的分层现象减弱，表面晶粒主要是凝固组织的等轴粗大晶粒[图6.23(b)]。图6.23(c)中的枝晶形成高度分支的雪花状，为标准基面结构组织，内部流动性低，在枝晶的主干上的一次枝晶肩臂间距足够大，形成二次枝晶。观察断面组织图6.24以混合组织为主，晶粒形态分布均匀。在铸轧辊的作用下晶粒破碎重新长大为粗大片状晶粒，如图6.24(c)所示。

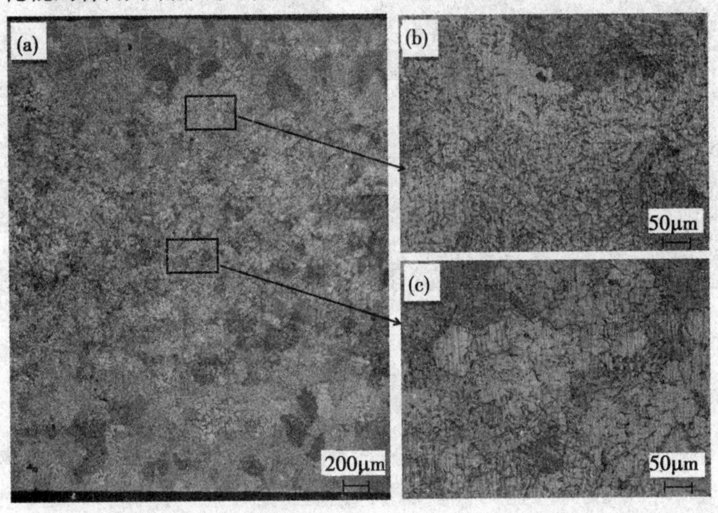

(a)×100，(b)、(c)×500

图6.24　T =943K 时 AE44 薄板两端位置 TD 显微组织

Fig. 6.24　The microstructure of AE44 strip on TD of edge-side at T =943K

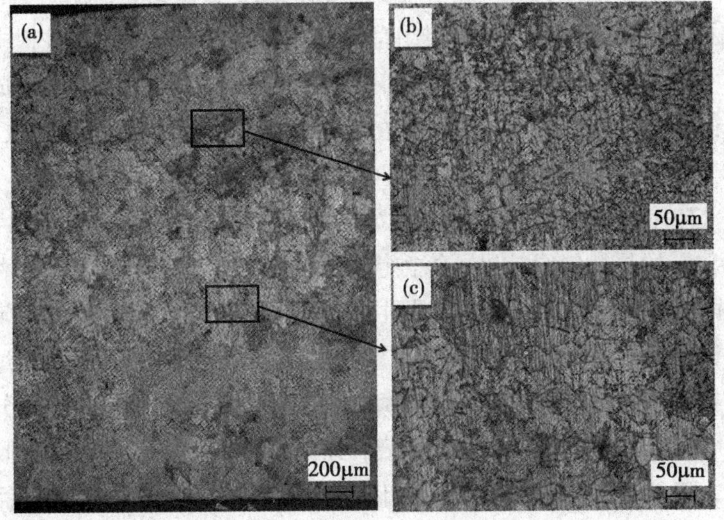

(a)×100，(b)、(c)×500

图6.25　T =933K 时 AE44 薄板两端位置 RD 显微组织

Fig. 6.25　The microstructure of AE44 strip on RD of edge-side at T =933K

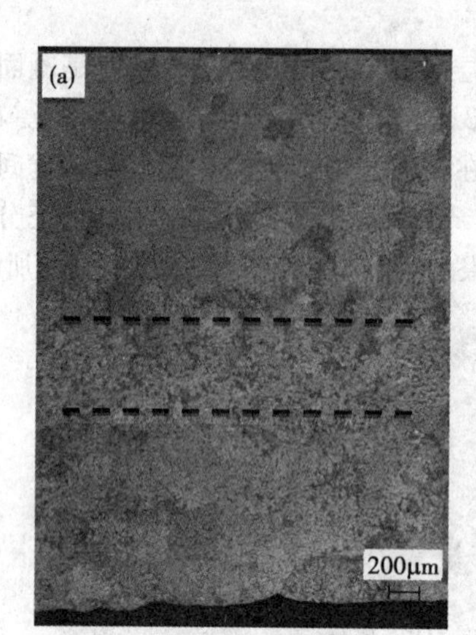

(a)中间位置

(b)两端位置

图 6. 26　T =933K 时 AE44 薄板 TD 显微组织

Fig. 6. 26　The microstructure of AE44 strip on TD of core-side at T =933K

图 6. 25、图 6. 26 为第二组 T = 933k 时铸轧薄板厚度为 2. 5mm 的断面组织结果。综合来看，倾斜铸轧的分层现象明显且向薄板一侧偏移，在熔池中心位置不对称性更加明显，这是由内部液态金属湍流的复杂性导致，由于生长空间受限及局部溶质富集的影响，使不同晶粒之间存在着竞争生长，最终形成不规则的组织形貌。在两端位置的薄板受到铸轧作用，晶粒相互作用阻碍破碎，形成新的晶核在铸轧过程中长大，组织呈等轴晶存在；另外，铸轧过程中金属的流动具有一定的搅拌性，在成形过程中也促进了等轴晶的形成，但形成的晶粒粗大，测得晶粒大小在 80μm 左右。在中心位置断面组织表面均为枝晶组织，中心内部为粗大枝晶混合。

图 6. 27 ~ 图 6. 29 为第三组 T = 923k 时倾斜铸轧 4. 1mm 厚的 AE44 镁合金薄板两端位置的显微组织结果，合金组织是由 α - Mg 基体和树枝状的稀土化合物组成，铸轧方向上的组织间没有发生分层现象，整体以粗大枝晶均匀分布在细小枝晶间的形式存在，如图 6. 27(a)所示。这是因为在非平衡凝固过程中存在较大的枝晶偏析，凝固形成的非平衡组织在晶界处聚集造成的，部分枝晶继续长大，形成粗大的组织，放大 500 倍后如图 6. 27(c)所示。在双辊倾斜铸轧的过程中，随着轧辊的转动，熔池内部存在较强的对流，在辊面上已经形核长大的晶粒受到冲击，会造成枝晶的破碎，这些碎片进入熔池内部，可以成为新的形核核心，最终形成如图所示的凝固组织，铸轧板横断面晶粒尺寸基本趋于稳定，晶粒度在 75μm 左右，且明显有减少的趋势。图 6. 28、图 6. 29 中两种位

置的断面组织主要为粗大的枝晶结构，组织对称性提高。但是晶粒尺寸差别很大，枝晶减少，仍为混合组织。

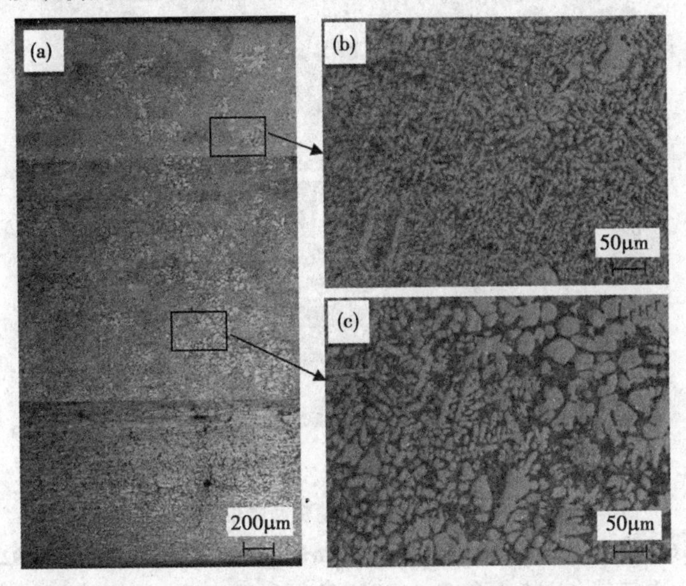

(a) ×100，(b)、(c) ×500

图 6.27　T =923K 时 AE44 薄板两端位置 RD 显微组织

Fig. 6.27　The microstructure of AE44 strip on TD of edge-side at T =923K

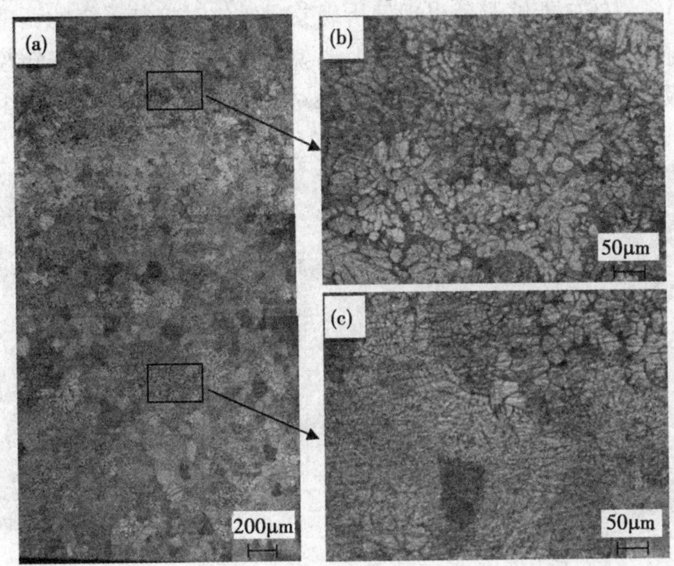

(a) ×100，(b)、(c) ×500

图 6.28　T =923K 时 AE44 薄板中间位置 RD 显微组织

Fig. 6.28　The microstructure of AE44 strip on RD of core-side at T =923K

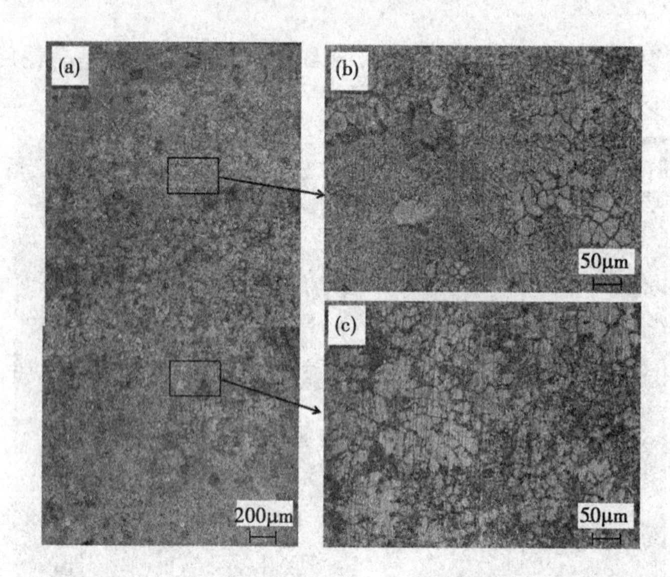

(a) ×100, (b)、(c) ×500

图 6.29　T =923K 时 AE44 薄板两端位置 TD 显微组织

Fig. 6.29　The microstucture of AE44 strip on TD of edge-side at T =923K

综合三次铸轧 AE44 镁合金的 SEM 结果如图 6.30 所示，为铸轧方向的形貌结果；图 6.31 为厚度方向上的形貌对比结果。其中白色点状为稀土相均匀分布在镁合金中，在铸轧过程中金属分布均匀，没有发生溶质分布不均匀的现象，这证明倾斜铸轧能够避免出现偏析现象。通过对控制系统的调整改善了凝固在两侧辊的对称性，综合不同方向上形貌观察，自适应后的铸轧控制系统提高了铸轧板材的质量。与 OM 观察的结果对比一致，同样可将铸轧组织区的变化分为 A，B，C 三个区域进行形貌观察。

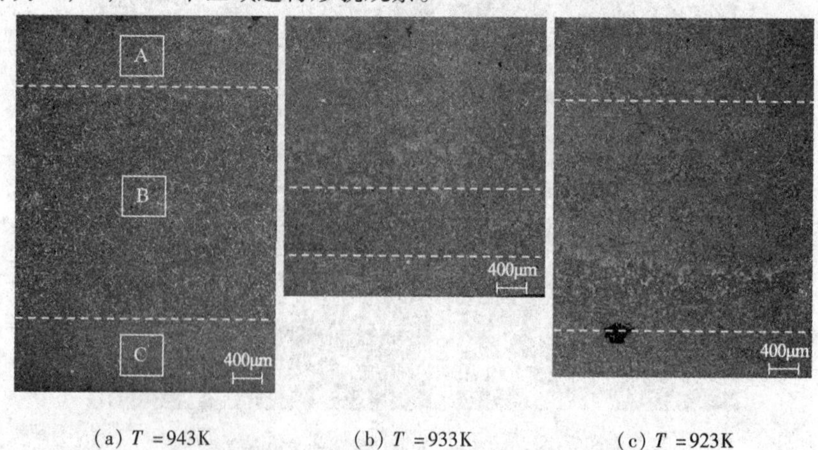

(a) T =943K　　(b) T =933K　　(c) T =923K

图 6.30　铸轧 AE44 镁合金轧制方向 SEM 形貌

Fig. 6.30　Casting AE44 magnesium alloy strip SEM morphgraph on RD

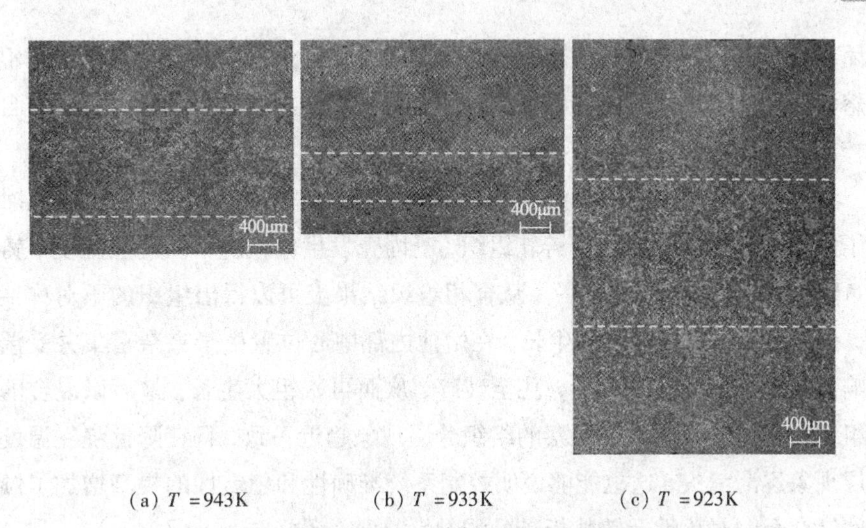

(a) T =943K　　(b) T =933K　　(c) T =923K

图 6.31　铸轧 AE44 镁合金厚度方向 SEM 形貌

Fig. 6.31　Casting AE44 magnesium alloy strip SEM morphgraph on TD

图 6.32 为铸轧断面上三个区域(两个表面和中间芯部)的组织形貌，稀土相(白色部分)析出均匀分布在凝固枝晶间的间隙中。图 6.32(a)的枝晶间隙间稀土相为针状聚集形态；图 6.32(b)中为板材芯部位置的粗大枝晶，晶粒充分长大；图 6.32(c)的稀土相呈针状放射形生长，由倾斜铸轧的组织结果得出在组织尺寸上均匀分布，铸轧的变形情况均匀。

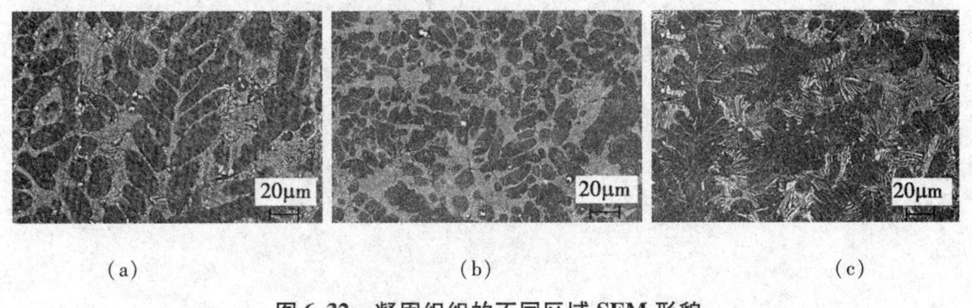

(a)　　(b)　　(c)

图 6.32　凝固组织的不同区域 SEM 形貌

Fig. 6.32　Microstructure image of different zones on SEM

6.6　本章小结

本章基于模糊逻辑系统来逼近复合非线性函数，研究了一类双辊铸轧系统的鲁棒自适应模糊跟踪控制问题。通过使用高增益观察器，提出一种新的自适应模糊输出跟踪控制方案，利用中值定理解耦非仿射非线性系统，证明了所有的闭环信号都是有界的，并且根据李雅普诺夫稳定性分析，理论上证明了辊缝和熔池液位的输出信号能够跟踪到期望的邻域内。仿真结果验证了所提出自适应控制方法的有效性。

通过铸轧实验得到的镁合金薄板说明控制系统的准确性，检测结果同时表明了倾斜铸轧的薄板不同于铸轧组织，凝固壳发生偏移。不同浇注温度下铸轧的 AE44 镁合金薄板质量不一，从金相组织结果上可以得出组织的不对称性减弱，在表面两侧主要为枝晶生长，在熔池内部中心位置由于夹杂富集并受湍流影响而导致该部分组织变形，甚至破碎，从而再次粗大生长，最后以混合的铸态组织存在。从不同位置观察的组织分层现象趋近一致，且在降低浇注温度后分层现象逐渐消失，这也能够说明控制系统准确性和稳定性的提高增加了倾斜铸轧镁合金的对称性及铸轧板带的均匀性。

第 7 章　结论与展望

7.1　主要研究成果及结论

本专著以研究等径双辊倾斜铸轧和控制生产高质量薄板为目标，以辽宁科技大学镁合金铸轧中心自主研制的立式双辊铸轧机为基础，实现一种等径双辊倾斜铸轧系统，进行了等径双辊倾斜铸轧的理论分析、数值模拟，并建立其自适应控制系统进行倾斜铸轧实验，得出如下结论：

① 实现了倾斜角度可调的等径双辊铸轧系统，建立了耦合倾角函数的关于熔池液位高度变化和铸轧力计算的数学模型，通过数值模拟和铸轧实验，验证了模型的正确性。

② 在其他工艺参数不变的条件下，随着倾斜角度的增加，凝固结合点向熔池出口方向移动。铸轧速度对熔池内温度分布影响显著，凝固结合点的位置随铸轧速度的提高明显向熔池出口移动，出口处薄带的温度也随着铸轧速度的提高明显提升。随着熔池液位高度的提高，凝固结合点向熔池上方移动，出口处薄带的温度也随之降低，同时温度分布也更加不对称。选取薄板的轴对称线与液面的交点、液面中线与液面的交点和出板垂线与液面的交点三种水口位置，熔池的液面中线水口位置更符合熔池内部的对称。当熔池液面 $H_{pool}=90$、倾斜角度 $\beta=15°$时，在铸轧过程中提高左侧铸轧辊的传热系数达到 1.5:1，能有效改善液态金属凝固的均匀性。

③ 建立针对双辊倾斜铸轧过程的熔池内部的宏观传输数学模型，并采用有限元法进行流热耦合模拟，分析了在倾斜铸轧过程中倾斜角度为 0°，5°，10°，15°，当液面高度控制在 70，80，90mm，铸轧速度分别为 8，10，12m/min 条件下熔池内的流场和温度场。建立不对称分析模型，选取与 x 轴夹角为 60°和 30°两条线进行分析，对比归一化后的整个表格区域，可以得出，将高温液相区控制在接近熔池中心位置的工艺参数条件下，能够得到相对对称的熔池凝固区域。

④ 研究了等径双辊倾斜铸轧中熔池液位高度的自适应模糊控制问题，基于模糊逼近技术，提出了一种新的自适应模糊跟踪控制方案。利用中值定理来处理非仿射非线性系统，构建了参数回归向量的自适应律。此外，通过使用设计的自适应模糊控制器并借助于李雅普诺夫稳定性分析，证明了所有闭环信号是有界的，熔池液位高度的状态跟踪误差能够渐近地收敛，仿真结果验证了所提出的自适应控制方法的有效性。

⑤ 研究了双辊铸轧系统的鲁棒自适应模糊跟踪控制问题。通过使用高增益观测器，提出一种新的自适应模糊输出跟踪控制方案，利用中值定理解耦非仿射非线性系统，证明了所有的闭环信号都是有界的，并且根据李雅普诺夫稳定性分析，理论上证明了辊缝和熔池液位的输出信号能够跟踪到期望的邻域内。仿真结果验证了所提出自适应控制方法的有效性。

⑥ 应用上述控制策略，以 AE44 镁合金为材料，铸轧出镁合金薄板，铸轧实验得到的镁合金薄板说明控制系统的准确性。检测结果表现为倾斜铸轧的薄板内部组织存在不对称性，与熔池流动和凝固的不对称性直接相关，但是通过工艺参数调整，凝固壳偏移明显改善，倾斜铸轧对出板有利。

7.2　进一步的研究方向

本专著对等径双辊倾斜铸轧从基础建模、实现手段、控制方法等方面进行了系统的研究，实现了 AE44 镁合金板材的铸轧。回顾本专著的研究历程，著者意识到本专著的研究工作只是双辊铸轧发展历程中的一步，仍有广阔的空间有待开拓。以下是对双辊铸轧研究的思考和展望：

① 对于常规的铸轧，根据需要将铸轧机倾斜不同的角度，可实现等径双辊倾斜铸轧。在铸轧过程中，动态改变倾斜角度，则可进一步实现双辊动态倾斜铸轧。这样的动态调整及其控制模型还需要进行深入的开发研究。铸轧理论与技术的发展趋势是从静态到动态、从稳态到非稳态，即工艺过程更加复杂，要求控制模型更加精准。

② 在倾斜铸轧过程中，受熔池不对称性的影响，采用水口不对称注入和双辊冷却不对称控制策略有助于改善凝固壳偏移，提高板材质量；如可实现双辊异步、异速、乃至异径等不对称铸轧，将进一步扩展铸轧的模式，从而进一步推进铸轧的理论与技术发展。

③ 本专著以 AE44 镁合金为材料，成功铸轧出镁合金薄板。倾斜铸轧这种方式对于较低塑性材料的铸轧成形更具有优势，是否可应用于硅钢、工具钢等材料还有待于进一步的验证研究。

参考文献

[1] BESSEMER H. The casting of metal between contrarotating rollers: No. 11317 [P]. 1857.

[2] HENDRICHS C. Strip casting technology: a revolution in the steel industry [J]. MPT international, 1995, 18(3): 42-45.

[3] 王建成. 双辊铸轧薄带钢数值模拟的研究[D]. 沈阳: 东北大学, 2009.

[4] 程挺宇, 郑锋, 徐少兵. 双辊薄带连铸技术研究[J]. 铸造技术, 2009, 30(7): 896-898.

[5] JU D Y, HU X D. Effect of casting parameters and deformation on microstructure evolution of twin-roll casting magnesium alloy AZ31[J]. Transactions of nonferrous metals society of China, 2006, 16(s2): 874-877.

[6] ZHANG S X, MYO H M, LIM K B, et al. Processing of thin metal strip by casting-cum-rolling[J]. Journal of materials processing technology, 2007, 192(5): 101-107.

[7] GE S, ISAC M, GUTHRIE R I L. Progress of strip casting technology for steel; historical developments[J]. ISIJ international, 2012, 52(12): 2109-2122.

[8] KAWALLA R, OSWALD M, SCHMIDT C, et al. Development of a strip-rolling technology for Mg alloys based on the twin-roll-casting process[J]. Magnesium technology, 2008: 177-182.

[9] 张兴中, 廖鹏, 王明林. 双辊薄带连铸技术状况的调查分析[J]. 钢铁, 2010, 45(3): 13-17.

[10] GE S, ISAC M, GUTHRIE R I L. Progress in strip casting technologies for steel; technical developments[J]. ISIJ international, 2013, 53(5): 729-742.

[11] ZAPUSKALOV N. Comparison of continuous strip casting with conventional

technology[J]. ISIJ international, 2003, 43(8): 1115-1127.

[12] WECHSLER R. The status of twin-roll casting technology[J]. Scandinavian journal of metallurgy, 2003, 32(1): 58-63.

[13] LUITEN E E M, BLOK K. Stimulating R&D of industrial energy-efficient technology: the effect of government intervention on the development of strip casting technology[J]. Energy policy, 2003, 31(13): 1339-1356.

[14] MANOHAR P A, FERRY M, HUNTER A. Direct strip casting of steel - historical perspective and future direction[J]. Materials forum, 2000, 24(1): 19-36.

[15] VIDONI M, DAAMEN M, HIRT G. Advances in the twin-roll strip casting of strip with profiled cross section[J]. Key engineering materials, 2013, 554-557: 562-571.

[16] 王成山. 连续铸轧高速钢(M2)薄板的实验研究[D]. 沈阳: 东北工学院, 1988.

[17] 金仁杰. 双辊液态铸轧凝固传热数学模型的分析[D]. 沈阳: 东北工学院, 1986.

[18] 陈复扬. 自适应控制[M]. 北京: 科学出版社, 2017.

[19] 徐湘元. 自适应控制与预测控制[M]. 北京: 清华大学出版社, 2017.

[20] 郭晨. 非线性系统自适应控制理论及应用[M]. 北京: 科学出版社, 2012.

[21] RICHALET J, RAULT A, TESTUD J L, et al. Model predictive heuristic control: applications to industrial processes[J]. Automatica, 1978, 14(5): 413-428.

[22] LANDAU I D, LOZANO R, M'SAAD M, et al. Adaptive control: algorithms, analysis and applications[M]. Berlin: Springer-Verlag, 2011.

[23] YAO B. Adaptive robust control: theory and applications to integrated design of intelligent and precision mechatronic systems[C]//IEEE. International Conference on Intelligent Mechatronics and Automation. Cheng Du: IEEE, 2004: 35-40.

[24] LENAIN R, THUILOT B, CARIOU C, et al. Adaptive control for car like vehicles guidance relying on RTK GPS: rejection of sliding effects in agricultur-

al applications[C]. Proceedings of the IEEE International Conference on Robotics and Automation, 2003: 115-120.

[25] GUENTHER K, HODGKINSON J, JACKLIN S, et al. Performance monitoring and assessment of neuro-adaptive controllers for aerospace application using a bayesian approach[C]. AIAA Guidance, Navigation, and Control Conference and Exhibit, 2005: 6018-6027.

[26] 潘蕾，沈炯. 双反馈鲁棒自适应控制方法及其控制系统结构: CN106773712A[P]. 2017.

[27] JELLIFFE R W. Applications of adaptive control in clinical settings[C]. Proceedings of the Annual Symposium on Computer Applications in Medical Care, 1986: 61-62.

[28] 文官华. 一种自适应控制方法及其自适应控制器: CN105629726A[P]. 2016.

[29] CHEN M, GE S Z. Direct adaptive neural control for a class of uncertain nonaffine nonlinear systems based on disturbance observer[J]. IEEE transactions on cybernetics, 2013, 43(4): 1213-1225.

[30] ZHOU Q, SHI P, XU S Y, et al. Observer-based adaptive neural network control for nonlinear stochastic systems with time delays[J]. IEEE transactions on neural networks and learning systems, 2013, 24(1): 71-80.

[31] WU J, CHEN W S, YANG F Z, et al. Global adaptive neural control for strict feedback time-delay systems with predefined output accuracy[J]. Information sciences, 2015, 301(20): 27-43.

[32] TONG S C, LI Y M. Adaptive fuzzy output feedback control of MIMO nonlinear systems with unknown dead-zone input[J]. IEEE transactions on fuzzy systems, 2013, 21(1): 134-146.

[33] WANG H Q, CHEN B, LIU X P, et al. Robust adaptive fuzzy tracking control for pure-feedback stochastic nonlinear systems with input constraints[J]. IEEE transactions on cybernetics, 2013, 43(6): 2093-2104.

[34] SHEN Q K, JIANG B, COCQUEMPOT V. Fuzzy logic system-based adaptive fault-tolerant control for near-space vehicle attitude dynamics with actuator faults[J]. IEEE transactions on fuzzy systems, 2013, 21(1): 289-300.

[35] HAMAYUN M T, EDAWARDS C, ALWI H. Design and analysis of an integral sliding mode fault-tolerant control scheme[J]. IEEE transactions on automatic control, 2012, 57(7): 1783-1789.

[36] CHEN B, NIU Y G, ZOU Y Y. Adaptive sliding mode control for stochastic Markovian jumping systems with actuator degradation[J]. Automatica, 2013, 49(6): 1748-1754.

[37] RAHME S, MESKIN N. Adaptive sliding mode observer for sensor fault diagnosis of an industrial gas turbine[J]. Control engineering practice, 2015, 38: 57-74.

[38] CHEN H Y, HUANG S J. Self-organizing fuzzy controller for the molten steel level control of a twin-roll strip casting process[J]. Journal of intelligent manufacturing, 2011, 22(4): 619-626.

[39] CHEN H Y, HUANG S J. Adaptive neural network controller for the molten steel level control of strip casting processes[J]. Journal of mechanical science and technology, 2010, 24(3): 755-760.

[40] CHEN H Y. Hybrid adaptive fuzzy and neural network controller for the molten steel level control in strip casting processes[J]. Journal of intelligent & fuzzy systems, 2014, 27(6): 3123-3130.

[41] LEE D, LEE J S, KANG T. Adaptive fuzzy control of the molten steel level in a strip-casting process[J]. Control engineering practice, 1996, 4(11): 1511-1520.

[42] JOO M G, KIM Y H, KANG T. Stable adaptive fuzzy control of the molten steel level in the strip casting process[J]. IEEE proceedings-control theory and applications, 2002, 149(5): 357-364.

[43] 曹光明，吴迪，张殿华. 基于模糊控制决策的铸轧机结晶器液位控制系统设计[J]. 东北大学学报(自然科学版), 2006, 27(7): 775-778.

[44] 曹光明，吴迪，张殿华. 基于模糊自适应 PID 的铸轧机结晶器液位控制系统[J]. 控制与决策, 2007, 22(4): 399-402.

[45] PARK Y, CHO H. A fuzzy logic controller for the molten steel level control of strip casting processes[J]. Control Engineering Practice, 2005, 13(7): 821-834.

[46] 朱丽业，昊惕华.薄带连铸熔池液位 AFPS 控制策略[J].吉林大学学报(工学版)，2004，7(s1)：245-249.

[47] 辛影.铸轧机辊缝控制伺服系统的研究[D].鞍山：辽宁科技大学，2012.

[48] ZHANG W Y, JU D Y, YAO Y, et al. Roll-gap control system of twin roll strip caster based on feed forward-feedback[J]. Materials science forum, 2013, 750: 64-67.

[49] 赵鑫，王仲初，张文宇，等.铸轧液压 AGC 系统的模糊 PID 控制仿真[J].辽宁科技大学学报，2012，35(3)：271-275.

[50] 张威.双辊薄带铸轧恒辊缝控制系统的研究[D].鞍山：辽宁科技大学，2013.

[51] ZHANG W Y, JU D Y, ZHAO H Y, et al. A decoupling control model on perturbation method for twin-roll casting magnesium alloy sheet[J]. Journal of materials science and technology, 2015, 31(5): 517-522.

[52] HONG K S, KIM J G, TOMIZUKA M. Control of strip casting process: decentralization and optimal roll force control[J]. Control engineering practice, 2001, 9(9): 933-945.

[53] GRAEBE S F, GOODWIN G C, ELSLEY G. Control design and implementation in continuous steel casting[J]. IEEE control systems, 1995, 15(4): 64-71.

[54] HESKETH T, CLEMENTS D J, WILLIAMS R. Adaptive mould level control for continuous steel slab casting[J]. Automatica, 1993, 29(4): 851-864.

[55] 张志柏，龚利华.双辊薄带连铸辊速自动控制及模型优化研究[J].铸造技术，2015，36(12)：2977－3000.

[56] ZHANG Z Q, XU S Y, ZHANG B Y. Asymptotic tracking control of uncertain nonlinear systems with unknown actuator nonlinearity[J]. IEEE transaction on automatic control, 2014, 59(5): 1336-1341.

[57] ZHANG Z Q, XU S Y, ZHANG B Y. Exact tracking control of nonlinear systems with time delays and dead-zone input[J]. Automatica, 2015, 52: 272-276.

[58] WU L B, YANG G H. Adaptive fuzzy tracking control for a class of uncertain nonaffine nonlinear systems with dead-zone inputs[J]. Fuzzy sets and sys-

tems, 2016, 290(1): 1-21.

[59] 吴卫平，许嘉龙，庞克昌，等. 双辊倾斜薄带连铸传热过程数学模型和计算机模拟[J]. 钢铁研究，1992(5): 12-18.

[60] 牛中生，凌昌贵. 双辊倾斜式连续铸轧铝板带热过程数学模型[J]. 有色金属，1986, 38(1): 64-70.

[61] 欧阳向荣. 双辊倾斜式铝带铸轧机铸轧力的计算分析[J]. 有色金属加工，2016, 45(4): 53-55.

[62] 马少武，赫冀成. 异径双辊薄带铸轧钢液初始凝固的传热特性[J]. 东北大学学报(自然科学版), 1986, 38(1): 64-70.

[63] 马少武，韩华伟，赫冀成，等. 异径双辊薄带铸轧熔池中钢液流动特性[J]. 东北大学学报(自然科学版), 1996, 20(3): 290-293.

[64] 姜广良，蔡广，金仁杰，等. 异径双辊连铸薄带坯凝固传热的数学模型[J]. 东北工学院学报，1993, 14(4): 419-423.

[65] WANG J D, LIN H J, HWANG W S. Numerical simulation of metal flow and heat transfer during twin roll strip casting[J]. ISIJ international, 1995, 35(2): 170-177.

[66] KUZNETSOV A V. Computer simulation of fluid flow and heat transfer in strip casting of aluminium alloys[J]. Applied mechanics & engineering, 1998, 3(3): 224-233.

[67] 彭成章. 铝带坯双辊铸轧过程瞬态传热数学模型[J]. 轻合金加工技术，2006, 34(12): 13-16.

[68] 张晓明. 双辊铸轧薄带钢过程数值模拟及实验研究[D]. 沈阳：东北大学，2005.

[69] 潘丽萍，贺铸，李宝宽. 双辊薄带连铸工艺布流系统的三维数值模拟[J]. 过程工程学报，2015, 15(1): 16-22.

[70] LI Q, ZHANG Y K, LIU G L, et al. Effect of casting parameters on the freezing point position of the 304 stainless steel during twin-roll strip casting process by numerical simulation[J]. Journal of materials science, 2012, 47(9): 3953-3960.

[71] LI J T, XU G M, YU H L, et al. Optimization of process parameters in twin-roll strip casting of an AZ61 alloy by experiments and simulations[J]. Inter-

national journal of advanced manufacturing technology, 2015, 76(9-12): 1769-1781.

[72] 黄锋, 邸洪双, 王广山. 用元胞自动机方法模拟镁合金薄带双辊铸轧过程凝固组织[J]. 物理学报, 2009, 58(6): 313-318.

[73] CHEN M, HU X D, HAN B, et al. Study on the microstructural evolution of AZ31 magnesium alloy in a vertical twin-roll casting process[J]. Applied physics A, 2016, 122(2): 1-10.

[74] CHEN H, KANG S B, YU H, et al. Effect of heat treatment on microstructure and mechanical properties of twin roll cast and sequential warm rolled ZK60 alloy sheets[J]. Journal of alloys & compounds, 2009, 476(1): 324-328.

[75] CHEN H, KANG S B, YU H, et al. Microstructure and mechanical properties of AZ41 alloy sheets produced by twin roll casting and sequential warm rolling[J]. Materials science & engineering A, 2008, 492(1): 317-326.

[76] ZHANG P, ZHANG Y, LIU L. Numerical simulation on the stress field of austenite stainless steel during twin-roll strip casting process[J]. Computational materials science, 2012, 52(1): 61-67.

[77] 白光超, 朱光明, 咸晓玲, 等. 基于有限元法的双辊薄带连铸熔池钢液温度场与流场强耦合研究[J]. 热加工工艺, 2015, 44(1): 172-175.

[78] 黄锋, 邸洪双. 镁合金薄带双辊铸轧过程的数值模拟[J]. 东北大学学报(自然科学版), 2015, 36(4): 489-493.

[79] 黄华贵, 刘文文, 王巍, 等. 基于生死单元法的双辊铸轧过程热-力耦合数值模拟[J]. 中国机械工程, 2015, 26(11): 1503-1508.

[80] HUANG H G, LV Z W, SONG S P, et al. Microstructure and properties of SiC_p/Al matrix composite strip fabricating by twin-roll casting process[J]. Magnesium technology, 2016: 391-396.

[81] HU X D, JU D Y, ZHAO H Y. Thermal flow simulation of twin-roll casting magnesium alloy[J]. Journal of Shanghai Jiaotong University, 2012, 17(4): 479-483.

[82] 裴智璞, 杨帅, 赵红阳. 铝合金复合板的双流双辊铸轧制备[J]. 辽宁科技大学学报, 2013, 36(6): 569-572.

[83] KUBOTA H, MATSUSE K, NAKANO T. DSP-based speed adaptive flux observer of induction motor[J]. IEEE transactions on industry applications, 1993, 29(2): 344-348.

[84] 李华德，李擎，白晶. 电力拖动自动控制系统[M]. 北京：机械工业出版社，2009.

[85] 牟会明，郑传鑫，胡陆军. 基于组件技术的 OPC 在数据采集中的实现[J]. 冶金自动化，2010，34(1)：62-68.

[86] 王鹏飞. 铸轧机液压伺服控制系统 PID 控制器参数整定的研究[D]. 鞍山：辽宁科技大学，2015.

[87] 许小华. 热电阻温度计和热电偶温度计的比较与使用[J]. 内蒙古石油化工，2009(23)：56-57.

[88] SUI T, LI B, MENG Z X, et al. Boiler level control system based on controlLogix 5550 PLC[J]. Journal of measurement science & instrumentation, 2010(s1): 78-81.

[89] 钱晓龙. ControlLogix 系统组态与编程：现代控制工程设计[M]. 北京：机械工业出版社，2013.

[90] 石红瑞，刘俊霞，孙洪涛，等. 先进控制在 RSView32 平台上的扩展及应用[J]. 控制工程，2004，11(3)：193-196.

[91] KASEMIR K U, DALESIO L R. Interfacing the controlLogix PLC over ethernet/IP[C]. 8th International Conference on Accelerator & Large Experimental Physics Control Systems, 2001: 481-483.

[92] LI L F, MOYNE J R, TILBURY D M. Performance evaluation of control networks: ethernet, controlNet, and deviceNet[J]. Control systems IEEE, 2010, 21(1): 66-83.

[93] 胥布工. 自动控制原理[M]. 北京：电子工业出版社，2011.

[94] 朱丽业，吴惕华，方园，等. 薄带连铸熔池液位的模糊控制[J]. 计算机仿真，2004，21(11)：187-190.

[95] YOU B, KIM M, LEE D, et al. Iterative learning control of molten steel level in a continuous casting process[J]. Control engineering practice, 2011, 19(3): 234-242.

[96] WENG W P, DENG K, REN Z M, et al. Kiss-point position control of solidification layer and process optimization for twin-roll casting of magnesium al-

loys[J]. Advanced materials research, 2011, 189-193(6): 3844-3851.

[97] HONG K S, KIM S H, LEE K I. An integrated control of strip casting process by decentralization and optimal supervision[C]. Proceedings of the American Control Conference, 1998: 723-727.

[98] 曹光明，李成刚，刘振宇，等. 基于粒子群算法的双辊铸轧工艺优化[J]. 东北大学学报(自然科学版)，2011，32(5)：667-670.

[99] LEE Y S, KIM H W, CHO J H. Process parameters and roll separation force in horizontal twin roll casting of aluminum alloys[J]. Journal of materials processing technology, 2015, 218: 48-56.

[100] XIN Y, YAO Y, LIU M, et al. Establishment of valve control mathematical model of hydraulic differential cylinder[J]. Advanced materials research, 2012, 542-543: 1124-1131.

[101] 王德，周成，徐国进. 上方侧注式双辊铸轧连铸工艺的数值模拟[J]. 特种铸造及有色合金，2013，33(12)：1117-1122.

[102] 张晓明，张军锋，刘相华，等. 双辊铸轧薄带过程中铸速对熔池内温度场的影响[J]. 东北大学学报(自然科学版)，2006，27(7)：759-762.

[103] 曹光明，李成刚，刘振宇，等. 双辊铸轧工艺温度场和流场耦合的数值模拟[J]. 钢铁研究学报，2008，20(9)：23-27.

[104] 王广山，邸洪双，刘伟民. 双辊铸轧 AZ31 镁合金成形过程组织演变的研究[J]. 热加工工艺，2015，44(21)：64-67.

[105] 金珠梅，赫冀成，徐广隽. 双辊连续铸轧工艺中流场、温度场和热应力场的数值计算[J]. 金属学报，2000，36(4)：391-394.

[106] 董建宏，王楠，陈敏，等. 双辊薄带铸轧熔池内流场和温度场数值模拟[J]. 过程工程学报，2014，14(2)：211-216.

[107] 任志峰，王俭，庞锦琨，等. 双辊板带铸轧凝固过程的数值模拟[J]. 山西冶金，2015(5)：30-33.

[108] JAVAID A. Twin roll casting of magnesium strip at canmet materials-modeling and experiments[C]. Proceedings of a Symposium Sponsored by Magnesium Committee of the Light Metals Division of the Minerals, Metals & Materials Society(TMS), 2015: 461-464.

[109] HU X D, JU D Y, ZHAO H Y. Thermal flow simulation of twin-roll casting magnesium alloy[J]. Shanghai Jiaotong University and Springer-Verlag Ber-

lin Heidelberg, 2012, 17(4): 479-483.

[110] AMIR H. Development of a mathematical model to study the feasibility of creating a clad AZ31 magnesium sheet via twin roll casting[J]. The international journal of advanced manufacturing technology, 2014, 73(1-4): 449-463.

[111] AMIR H. Mathematical modeling of the effect of roll diameter on the thermo-mechanical behavior of twin roll cast AZ31 magnesium alloy strips[C]. Magnesium Technology, 2013: 371-375.

[112] LI J T, XU G M, YU H L, et al. Optimization of process parameters in twin-roll strip casting of an AZ61 alloy by experiments and simulations[J]. International journal of advanced manufacturing technology, 2015, 76(9-12): 1769-1781.

[113] JU D Y, ZHAO H Y, HU X D, et al. Thermal flow simulation on twin roll casting process for thin strip production of magnesium alloy[J]. Materials science forum, 2005, 488: 439-444.

[114] SONG H Y, LIU H T, LU H H, et al. Fabrication of grain-oriented silicon steel by a novel way: strip casting process[J]. Materials letters, 2014, 137(15): 475-478.

[115] SONG H Y, LIU H T, WANG Y P, et al. Microstructure and texture evolution of ultra-thin grain-oriented silicon steel sheet fabricated using strip casting and three-stage cold rolling method[J]. Journal of magnetism and magnetic materials, 2017, 426(15): 32-39.

[116] 张文宇，马翔宇，巨东英，等. 双辊铸轧过程金属熔池液面的优化控制[J]. 辽宁科技大学学报，2016, 39(2): 98-103.

[117] ZHOU Q, SHI P, LIU J J, et al. Adaptive output-feedback fuzzy tracking control for a class of nonlinear systems[J]. IEEE transactions on fuzzy systems, 2011, 19(5): 972-982.

[118] TONG S C, LI Y M. Adaptive fuzzy output feedback tracking backstepping control of strict-feedback nonlinear systems with unknown dead zones[J]. IEEE transactions on Fuzzy systems, 2012, 20(1): 168-180.

[119] KRSTIC M, KANELLAKOPOULOS I, KOKOTOVIC P V. Nonlinear and adaptive control design[M]. New York: Wiley-Interscience, 1995.

[120] TONG S, HUO B, LI Y. Observer-based adaptive decentralized fuzzy fault-tolerant control of nonlinear large-scale systems with actuator failures[J]. IEEE transactions on fuzzy systems, 2014, 22(1): 1-15.

[121] TONG S C, WANG T, LI Y M. Fuzzy adaptive actuator failure compensation control of uncertain stochastic nonlinear systems with unmodeled dynamics [J]. IEEE transactions on Fuzzy systems, 2014, 22(3): 563-574.

[122] WANG H, LIU X, LIU P X, et al. Robust adaptive fuzzy fault-tolerant control for a class of non-lower-triangular nonlinear systems with actuator failures[J]. Information sciences, 2016, 336: 60-74.

[123] LI Y, TONG S. Adaptive fuzzy output-feedback control of pure-feedback uncertain nonlinear systems with unknown dead zone[J]. IEEE transactions on fuzzy systems, 2014, 22(5): 1341-1347.

[124] WU L B, YANG G H, WANG H, et al. Adaptive fuzzy asymptotic tracking control of uncertain nonaffine nonlinear systems with non-symmetric dead-zone nonlinearities[J]. Information sciences, 2016, 348: 1-14.

[125] WEN C, ZHOU J, LIU Z, et al. Robust adaptive control of uncertain nonlinear systems in the presence of input saturation and external disturbance [J]. IEEE transactions on automatic control, 2011, 56(7): 1672-1678.

[126] COOK R, GROCOCK P G, THOMAS P M, et al. Development of the twin-roll casting process[J]. Journal of materials processing technology, 1995, 55(2): 76-84.

[127] WANG H B, ZHOU L, ZHANG Y W, et al. Effects of twin-roll casting process parameters on the microstructure and sheet metal forming behavior of 7050 aluminum alloy[J]. Journal of materials processing technology, 2016, 233: 186-191.

[128] WANG L X. Adaptive fuzzy systems and control[M]. Englewood Cliffs: Prentice-Hall, 1994.

[129] BARTLE R. The elements of real analysis[M]. Hoboken: Wiley, 1964.

[130] POLYCARPOU M M. Stable adaptive neural control scheme for nonlinear systems[J]. IEEE transactions on automatic control, 1996, 41(3): 447-451.